AF312307

LOI
DES HARAS ET DES REMONTES

MEMBRES DU GRAND CONSEIL DES HARAS

JURY DES PRIMES

COMPTE RENDU DÉTAILLÉ

DE LA

Prime des Juments poulinières de demi-sang normand

Décernée le 10 octobre 1873, au Mesle-sur-Sarthe (Orne).

CHOIX D'UN JURY

MÉTHODE A SUIVRE

Pour opérer le classement des Poulinières.

Par COGEON , vétérinaire

AU MESLE-SUR-SARTHE

ALENÇON

IMPRIMERIE ET LITHOGRAPHIE E. PESSEY

RUE DU JEUDI, N° 12.

1874

A

MONSIEUR LE MINISTRE DE L'AGRICULTURE

EXPOSÉ

DES

MATIÈRES TRAITÉES DANS CET ÉCRIT

Voulant vulgariser la science du cheval en la mettant à la portée de tous les éleveurs, nous publions dans cette modeste brochure :

1er CHAPITRE. — Loi nouvelle des Haras et des Remontes, votée par l'Assemblée nationale, les 28 et 29 mai 1874.

2e CHAPITRE. — Grand conseil des Haras.

3e CHAPITRE. — Appréciation du jury chargé actuellement de décerner les primes aux juments poulinières de demi-sang anglo-normand.

4e CHAPITRE. — Compte rendu détaillé de la Prime dite des poulinières de demi-sang ; laquelle a eu lieu le 10 octobre 1373, au Mesle-sur-Sarthe (Orne).

5e CHAPITRE. — Choix du jury qui devrait être désigné de préférence par M. le Ministre de l'agriculture.

6e CHAPITRE. — Méthode simple à mettre en usage pour arriver au classement des juments poulinières d'après les qualités absolues et relatives qu'elles doivent réunir pour la production, la multiplication et le perfectionnement de la race de demi-sang anglo-normand.

CHAPITRE PREMIER

LOI DES HARAS ET DES REMONTES

Une loi dite des Haras et des Remontes a été votée les 28 et 29 mai 1874, par l'Assemblée nationale. Comme spécialiste en chevaux, nous allons dire un mot de ses tendances et des résultats que devra produire son application en appréciant chaque article.

Cette loi n'est que le complément indispensable de la loi sur l'armée; en effet, dans un moment donné, ne faudra-t-il pas pour remonter notre cavalerie 200,000 chevaux, en chiffres ronds; aussi la mise en pratique de principes solides en *hippique* doit tendre à faire *produire le cheval d'arme.*

Depuis 1806, l'administration des Haras s'est appliquée à faire du nombre, et malgré cela, la nation Française est restée tributaire de l'étranger pour des sommes d'argent énormes.

Dans la contrée du Mesle-sur-Sarthe, nos éleveurs se sont découragés et se découragent de l'élève du cheval. Cela tient à diverses causes : d'abord, l'administration des Haras a attribué à cette localité des *reproducteurs peu convenables pour les croisements de demi-sang;* — ensuite la commission d'achat des remontes n'offre *jamais un débouché assez certain* ni *des prix suffisamment rémunérateurs.* Cette même commission *continue d'acheter le mauvais cheval aussi cher que le bon;* — et enfin *la production de la viande* donne plus de profit *que la production du cheval.*

Ceci dit, expliquons-nous sur chacune des dispositions de la loi récemment votée.

ART. 1er.

« L'administration supérieure des Haras se compose d'un directeur inspecteur « général, de six inspecteurs généraux, de vingt-deux directeurs de dépôts, de « vingt-deux sous-directeurs et d'un nombre de surveillants suffisant pour le ser- « vice. »

C'est l'état de choses actuel maintenu; — l'administration reste ce quelle est; — le personnel des Haras n'est nullement modifié.

ART. 2.

« Un conseil supérieur des Haras est nommé par le Président de la Républi- « que pour neuf ans, et composé de vingt-quatre membres, renouvelables par « tiers, tous les trois ans et comprenant les groupes des divers pays d'élevage· « Les membres sortants sont rééligibles.

« Il tiendra au moins deux séances par an. Il donnera son avis sur le budget « des Haras, sur les règlements généraux des concours et des courses, sur la « nature et l'importance des encouragements qui se rapportent à la production

« et à l'élevage, et sur toutes les questions qui lui seront soumises par le minis-
« tre, ou en son absence, par le directeur général des Haras.

« Il recevra communication des vœux et des délibérations des conseils généraux, en ce qui concerne la question chevaline.

« Après chacune de ses sessions, il sera fait un rapport spécial et détaillé sur
« l'ensemble de ses travaux, et communication de ce rapport sera donné à l'As-
« semblée nationale. »

Cet article consacre par une disposition législative l'existence d'un conseil supérieur, sa composition et ses attribu-
tions.

Selon l'état de choses qui s'en va, le conseil supérieur des
Haras était le résultat du pouvoir discrétionnaire d'un ministre et il était constitué par des ordonnances et des arrêtés
ministériels.

Les Haras étaient donc sous le régime du bon plaisir de
certains hommes influents; c'était de l'arbitraire.

La loi est promulguée, dans sa mise en pratique, elle sera
obéie, et dans son application, elle vivra de son propre texte.

Si le Président de la République fait un choix judicieux,
si les membres du Grand-Conseil sont de vrais spécialistes,
cette nouvelle disposition législative devra produire un très-
grand bien. — Les travaux de ce Grand-Conseil auront une
unité de vues; — le but à atteindre sera moins variable; —
les systèmes de l'administration des haras, qui dans le passé,
ont été si changeants, deviendront stables, immuables même,
et l'industrie chevaline en ressentira à bref délai l'influence
bienfaitrice.

M. Monjaret de Kerjégu, député breton pour le département du Finistère, tout en acceptant la création du Grand-
Conseil, a proposé une disposition additionnelle tendant à
établir dans chaque circonscription de dépôt d'étalons une
commission consultative formée de six membres au moins,
désignés par les conseils généraux de la circonscription.

Tous les hommes sincères amis du progrès ont vu avec
regret que la majorité de l'Assemblée a repoussé cet amendement. Les membres de cette commission consultative auraient été recrutés parmi les éleveurs.

Admettre cet amendement, c'était créer un contrôle plus
sérieux, plus spécial; — c'était ouvrir une tribune aux hommes pratiques; — c'était en un mot inaugurer un moyen in-
faillible pour empêcher l'administration des haras de céder
aux théories de certains hommes, tels que les membres du
Jockey-Club, lesquels n'ont le plus souvent que des connaissances incomplètes et peu pratiques. Combien de fois,
l'application de leurs idées au point de vue de la production
des chevaux *a produit de véritables désastres* dans différentes
contrées de la France?

ART. 3.

« L'Ecole des haras du Pin est rétablie.

« Nul ne pourra être nommé officier des haras, s'il n'a reçu un diplôme attes-
« tant qu'il a satisfait aux examens de sortie de cette Ecole. »

Tout le monde des chevaux sera satisfait d'apprendre que l'Etat rétablit l'Ecole des haras. L'administration sera assurée d'un recrutement plus régulier. d'un personnel plus capable, mieux compose et surtout plus spécial. — Mais ce but ne sera atteint qu'à la condition expresse que le concours public sérieux sera la base du triage des élèves aussi bien pour entrer dans cette Ecole que pour en sortir. Rappelons-nous que le favoritisme altère toujours les plus belles institutions.

Si l'Etat veut retirer fruit de cette institution, s'il veut obtenir des officiers nombreux et distingués, *l'Ecole des Haras doit être un internat.*

L'expérience de 1840 à 1850 peut faire apprécier le bien fondé du désir que nous exprimons.

L'externat fut mis en pratique pendant cette période de dix années. Sans tomber dans le détail de la conduite des élèves de cette époque, qui fut loin d'être édifiante pour ne pas dire plus, nous avouerons que ce mode doit être abandonné.

Au Haras du Pin, qui n'a encore souvenir de la tenue trop libre des élèves de ce temps? Aussi le nombre des sujets ayant réellement de la valeur, sortis de l'ancienne école des Haras a-t-il été très-limité.

Non-seulement l'école doit être un internat, mais elle devrait être une Ecole d'application des Haras, identique à l'ancienne Ecole d'application d'artillerie de l'infortunée Metz. On sait que cette dernière école fut fréquentée par les numéros premiers des écoles Polytechnique et de Saint-Cyr. — De même la nouvelle Ecole des Haras serait suivie par les numéros premiers des écoles vétérinaires, des écoles d'agriculture et des écoles de cavalerie de France.

L'Etat pourrait imprimer une grande émulation dans l'école des Haras ainsi organisée. Il suffirait d'y donner l'instruction pour une minime rétribution annuelle, et surtout créer des bourses.

La mise en pratique de ces diverses idées procurerait à bref délai à la France des officiers du Haras d'un grand talent et qui seraient aptes à diriger avec fruit l'industrie chevaline française; laquelle manque *d'ingénieurs,* selon l'expression heureuse de M. Richard du Cantal, pour diriger la fabrication du cheval.

Nous ne voulons pour preuve de notre pénurie d'hommes spéciaux que la grande revue passée au bois de Boulogne en 1874 par le Président de la République. La presse étrangère et les journaux français ont constaté la grande infériorité de notre cavalerie.

Cependant la France possède tous les éléments possibles pour créer le cheval d'arme. Il suffit de le vouloir.

L'école des Haras est appelée à reparer cette infériorité nationale.

Malheureusement en France, les spécialistes en chevaux manquent. Ouvrir une école dans laquelle sera démontrée la science du cheval c'est mettre en pratique le moyen le plus efficace pour former une pépinière d'hommes aptes à réparer les immenses pertes qu'a fait subir à la France une administration plus empirique et plus capricieuse que savante.

ART. 4.

« A partir de 1875, l'effectif des étalons entretenus par l'administration des « haras, sera successivement augmenté de 200 étalons chaque année, jusqu'à « ce que cet effectif ait atteint le chiffre de 2,500

« Ces étalons seront choisis parmi les différentes races et renfermeront le plus « de chevaux de sang qu'il se pourra. »

Il ne suffit point par une loi de donner l'ordre d'acheter.— En France où trouvera-t-on cette quantité suffisante d'étalons dignes de l'être?

Par contre tous les membres du Jockey-Club sont en jubilation. L'application de cet article procurera à l plupart un écoulement cert in de leurs étalons de pur sang auglais, voire même de *leurs fruits secs du Turf* que l'on reblanchira, que l'on rafraichira et que l'on remettra sur les jambes.

Eleveurs de la contrée du Mesle-sur-Sarthe soyez toujours en garde contre l'envahissement du pur sang anglais.

Vous devez avoir continuellement présent à la mémoire que le facteur mâle reproducteur de pur sang anglais *fait toujours plus haut que lui* ; que vos poulinières sont des carrossières *de haute stature* ; et, que votre sol *pousse énormément à la taille*.

Si pour l'acquisition annuelle de ces 200 étalons, l'on tient la main aux qualités propres aux reproducteurs, assurément l'application de cette loi se fera longtemps attendre. Comme il y a baudet et baudet: n'y a-t-il pas étalon et étalon?

A mon sens, il eut été préférable de disposer d'une grande partie des fonds votés dans le but d'augmenter l'effectif des étalons, en faveur des juments poulinières et des pouliches, en leur attribuant des primes plus nombreuses.

Tous les étalons de l'administration du Haras ne saillissent-ils point annuellement 25 juments par étalons ?

Si nous manquons d'étalons de qualité, nous manquons bien d'avantage de poulinières. L'Etat devrait attacher la poulinière au sol ; — il suffirait de lui attribuer une rente annuelle dans de certaines conditions.

ART. 5.

« Indépendamment des crédits votés chaque année pour les courses, les écoles « de dressage, etc., etc., l'allocation actuelle de 683,000 fr. affectée aux primes « sera portée en 1875 à 800,000 fr. jusqu'à 1,500,000 pour primer :

« 1° Des étalons appartenant à des particuliers, à des sociétés ou à des dépar- « tements et approuvés par l'administration des Haras.

« 2° Des juments poulinières, des pouliches et des poulains.

« Paragraphe additionnel.

« Une allocution de 50,000 fr. sera affectée aux épreuves des arabes et anglo- « arabes. »

L'application de cet article produira un bien infini en encourageant la production du cheval. Les primes annuelles accordées à l'étalon et à la poulinière ne sont-elles pas le plus puissant, le seul encouragement pour améliorer la race chevaline ?

Pour les étalons approuvés par l'administration du Haras, une surveillance plus stricte devrait être exercée par les agents de cette administration. — Il est d'observation journalière que les étalons approuvés sont souvent la source de beaucoup de tares et de vices héréditaires.

Pour les poulinières et les pouliches, le jury des primes devrait être composé de spécialistes en chevaux ; où sans quoi le but que se propose l'Etat ne pourra jamais être atteint ; c'est-à-dire primer la poulinière réunissant le plus de qualités pour l'amélioration de sa race.

Pour la prime de 1873, en octobre, nous avons publié une note que tous les éleveurs n'ont sans doute pas oubliée ; et à ce propos, nous ajoutons que M. le Préfet de l'Orne devrait dans la désignation des personnes qu'il recommande annuellement à M. le ministre de l'agriculture pour *composer le jury chargé de la distribution de la prime, faire un choix de spécialistes en chevaux* se trouvant toujours en dehors des intérêts locaux et des compétitions locales.

Le paragraphe additionnel prescrivant l'emploi de 50,000 fr. pour les épreuves des étalons arabes et anglo-arabes produira un bon résultat.

Que messieurs les producteurs du Midi se hâtent d'élever pour la Normandie des étalons arabes et anglo-arabes ! car le pur sang anglais est en train de gâter notre belle race normande de demi-sang. Et d'ailleurs, ces étalons arabes et anglo-arabes ne seront-ils pas utilement employés *à régénérer la race percheronne* qui est depuis quelques années arrivée à une *conformation dérisoire ?*

Art. 6.

« La jumenterie de Pompadour est rétablie :

« Elle se composera de 60 juments exclusivement consacrées à la production « du cheval de sang arabe et anglo-arabe. »

C'est avec un grand contentement que nous verrons, nous Normands, des spécialistes se livrer à la multiplication des sujets arabes et anglo-arabes.

Pour nous le sang arabe donnera sobriété, souplesse, énergie, docilité, et une conformation plus convenable pour l'armée, si on l'infuse aux races soit de demi-sang normand, soit du Marais du Poitou, soit de la plaine de Saint-Pol-de-Léon (Finistère), et autres.

La jumenterie du Haras du Pin ayant pour but de produire le pur sang anglais aurait dû être rétablie Mais le puissant Jockey-Club s'y est opposé avec la même opiniâtreté qu'il a montrée quand il s'est agi de la supprimer en 1850.

Cette société d'encouragement du pur sang anglais craint de voir arriver sur les hippodromes français des produits de la jumenterie du Pin, tels qu'Eylau, Mastrillo, etc. etc.

Au point de vue français est-ce convenable ? Ces gens de

pari de *jeu* ne pensent guère à l'amélioration de la race ni à la production du cheval d'arme.

L'économie de cette loi, spéculative au point de vue du Jockey-Club et demi-moyen relativement aux éleveurs français, inspire beaucoup de craintes aux hommes soucieux de l'intérêt public. On doit redouter : 1° l'influence ambitieuse et absorbante des membres du Jockey-Club ; 2° l'envahissement du pur sang anglais trop généralisé et dont la mise en usage est jugée désastreuse ; 3° la continuation du favoritisme pour la distribution des primes soit à l'étalon, soit à la poulinière ; — Causes qui, depuis longtemps, ont *fait naître le plus grand découragement parmi nos éleveurs* de chevaux de demi-sang et de chevaux percherons.

Espérons que M le Directeur, inspecteur général des Haras qui possède des idées larges et spéciales dirigera avec sagacité l'application de la loi des Haras et des remontes.

Le Mesle, le 1er juin 1874.

CHAPITRE DEUXIÈME

GRAND CONSEIL DES HARAS

Le *Journal officiel* du 5 juillet 1874 publie un décret du Président de la République Française qui reconstitue et compose le conseil des haras, de la manière suivante :

MM.

Le Ministre de l'agriculture et du commerce, président ;
Baron du Taya, directeur des haras ;
Bocher, député du Calvados ;
De Carayon-Latour, député de la Gironde ;
Carré-Kérisouët, député des Côtes-du-Nord ;
Le marquis de Dampierre, député des Landes ;
Delacour, député du Calvados ;
Desbois, député des Hautes-Pyrénées;
De Fontaine, député de la Vendée ;
Le vicomte de Forsanz, député du Finistère ;
Le baron de Fourment, éleveur dans la Somme ;
Gayot, ancien inspecteur général des haras, chargé du service ;
Hervé de St-Germain, député de la Manche.
Le comte d'Hespel, député du Nord.
Le comte de Juigné, député de la Loire-Inférieure ;
Le général Laveaucoupet ;
Le général Lefort, inspecteur général permanent des remontes ;
Montjaret de Kerjégu, député du Finistère ;
Le marquis de Mornay, député de l'Oise, et non de l'Orne, comme il est inscrit par erreur au *Moniteur officiel;*

Le baron de Néxon, président de la Société des courses de
  Limoges ;
Ozenne, conseiller d'Etat, secrétaire général du ministère
  de l'agriculture et du commerce.
Porlier, directeur de l'agriculture ;
Le baron Larochette, commissaire des courses de la société
  d'encouragement pour l'amélioration des races de chevaux
  en France ;
Le comte de la Roque Ordan, éleveur ;
' Le marquis de Vaugiraud, président de la Société lorraine
  d'encouragement pour l'espèce chevaline.
De Beauvert, chef de bureau, secrétaire.

Parmi ces vingt-cinq membres composant le conseil supérieur des haras, nous avons le regret de ne pas en rencontrer
un appartenant au département de l'Orne.

Toute la France sait cependant que le département de
l'Orne est un des principaux centre d'élevage de chevaux
français et des plus beaux et des plus qualiteux.

En 1870 le dépôt de remonte d'Alençon a acheté quatre
mille cent soixante dix chevaux.

En 1873 les étalons de l'administration des haras ont sailli
deux mille quatre cent vingt-cinq juments Un seul étalon de
demi-sang anglo-normand, *Abrantès* de la station du Mesle-
sur-Sarthe par *Pledge* et une fille de *Noteur* va produire en
1874 pour cinquante mille francs de poulains de lait la plupart achetés par les éleveurs de la plaine de Caen.

L'Orne possède le haras du Pin où sera établi bientôt l'Ecole
des haras.

Dans l'Orne il y a deux hippodromes importants l'un au
haras du Pin et l'autre à Mortagne.

L'Orne possède deux écoles de dressage considérables l'une
à Seès et l'autre au Mesle-sur-Sarthe.

L'Orne produit les meilleurs chevaux de France.

Annuellement le budget de l'Etat et celui du département
de l'Orne fournissent pour l'amélioration et le perfectionnement de la race chevaline des sommes énormes.

Tous ces titres auraient dû faire prendre au Président de la
République un représentant dans l'Orne pour soutenir les
intérêts du département au point de vue de l'industrie chevaline, dans le conseil supérieur des haras.

En revanche les départements du Calvados, de la Manche
de la Bretagne, de la Vendée y ont de nombreux représentants.

C'est sans doute un oubli ; lequel assurément est très-grave
pour l'industrie essentiellement chevaline du département ;
— dans tous les cas c'est peu flatteur pour l'Orne. Si ce département a la mauvaise chance de ne point posséder une personnalité nobilière ayant une notoriété suffisante de spécialiste en chevaux; M. le Président de la République aurait pu
faire un appel au dévouement d'un simple éleveur.

En fait d'élevage, il est probable que celui-ci en sait au

moins autant que l'un de ces grands seigneurs, dont le grand conseil est en majorité composé.

Nous avons voulu constater ce fait, le public appréciera.

Le Mesle, le 7 Juillet 1874.

CHAPITRE TROISIÈME

DU JURY DES PRIMES

Quel est le rôle du Jury désigné pour décerner les primes aux juments poulinières de demi-sang normand de la contrée du Mesle-sur-Sarthe?

Assurément ce jury se trouve investi d'une mission difficile et délicate, complexe même, parce que cette mission dis-je, exige impérieusement les connaissances spéciales de la *science du cheval*. — Il doit décider du choix et des aptitudes des mères, ce qui est la pierre de touche des connaissances hippiques. Et son travail terminé, il doit être en mesure de dire aux éleveurs : voilà *la jument type que vous emploierez pour la production du cheval de demi-sang normand*. — Avec cette jument, vous atteindrez le but, c'est-à-dire qu'en l'accouplant avec un étalon de choix, vous produirez : soit le bon, le beau, le solide et le robuste *cheval d'arme*, soit le cheval résistant aux fatigues et apte à nos *services* de chaque jour; soit enfin, *le cheval de luxe* avec les qualités propres à l'attelage ou à la selle.

Cette mère à poulain réunit :

A — Une *santé* parfaite, — est exempte de vices redhibitoires, — de tares soit essentielles, soit accidentelles.

B — Une belle et bonne *conformation*, — sa taille est proportionnée à sa destination, — la nature de ses membres et la richesse de ses aplombs sont excellentes, -- sa couleur est foncée et uniforme.

C — Une *origine* riche, — possède le degré de sang voulu, — son habitude extérieure dénote l'énergie et la noblesse, — ses ascendants paternels et maternels ont fait leur *épreuve* de qualités au trot et au galop sur les hippodromes ; aussi ses allures au pas et au trot sont brillantes, régulières, remarquables par le grand déplacement du corps en avant; et ployant bien le genou.

D — Un *produit* beau et bon, — ce poulain en lui donnant une bonne éducation eu égard à son origine connue et à sa constitution se rapprochant le plus de la perfection, fera, à l'âge, un sujet de mérite et de haut prix.

Telles sont les conditions dans lesquelles doit se trouver une poulinière de demi-sang devant servir à améliorer la race par elle-même, ou à créer une race de croisement. Cet exposé succinct suffit pour établir que le jury préposé à la distribution de ces primes sera à la hauteur de sa mission, s'il possède la science du cheval.

Malheureusement en France, les spécialistes en chevaux manquent, et cela parce que l'Etat n'a point d'*Ecoles spéciales pour démontrer la science de la production chevaline;* aussi sommes-nous très-pauvres en hommes possèdant les connaissances hippiques suffisantes et pratiques.

N'est-il pas, d'observation journalière, que la poulinière et l'étalon transmettent leurs qualités et leurs défauts au produit qu'ils engendrent? — Quelquefois les deux sexes exercent une influence égale sur le produit de la conception ; d'autres fois il y a une prédominance tantôt en faveur de la mère, tantôt en faveur du père. — Règle générale : la mère donne la corpulence (ceci s'entend du volume du corps et de la taille), et le caractère;— le père transmet la conformation, l'expression de tête, la nature des membres, la force et l'énergie musculaire, les allures, la capacité au travail et la robe.

Tout ceci prouve qu'il est indispensable que des hommes ayant la science du cheval président à la production chevaline.

Que de fois, des connaisseurs forts en chevaux s'y sont trompés? — A plus forte raison ceux qui n'y connaissent que médiocrement peuvent-ils faire des écarts impardonnables qui jettent le découragement parmi les éleveurs ?

Fréquemment dans ces sortes de primes aux poulinières, nous avons entendu des plaintes amères venant des exposants. On accusait les juges de favoriser plutôt celui-ci que celui-là. C'est ce que l'on remarque souvent quand un des jurés habite la localité dans la quelle a lieu la prime ; ou encore, lorsque l'un des jurés y occupe une position élective, telle que celle de conseiller général.

L'envie de se populariser fait commettre aux ambitieux des actions inavouables.

Mais dans la majorité des cas, c'est à l'ignorance des connaissances hippiques que doivent être rattachées les fautes monstrueuses que commettent ordinairement les membres de la Commission des primes pour les juments poulinières. Les preuves abondent.

L'Etat et le Département pour 1873 ont accordé comme encouragement aux juments poulinières de demi-sang, une somme de 31,000 francs dont 15,000 fr. par l'Etat et 16,000 fr. par le Département.

Cette somme de 31,000 fr. a été répartie par une commission du Conseil général, entre le Haras-du-Pin, Alençon, le Mêle-sur-Sarthe et Domfront.

Il a été attribué au Mesle-sur-Sarthe :

4 primes de 500 fr.	2,000 fr.
7 primes de 400 fr.	2,800 fr.
10 primes de 300 fr.	3,000 fr.
5 primes de 200 fr.	3,000 fr.
Total 36 primes d'une valeur de	10,800 fr.

Ces trente-six primes sont distribuées pour une moyenne annuelle de cinquante à soixante juments présentées dans la contrée du Mesle-sur-Sarthe.

La production chevaline a été de tout temps une des branches de l'économie rurale qui a le plus attiré l'attention des divers gouvernements de la France ; aussi l'Etat a toujours fait jusqu'ici pour cette production, plus de dépenses que pour toutes les autres branches réunies de l'industrie agricole, mais le but qu'on s'était proposé n'a jamais été atteint. Et pourtant la France n'est-elle pas favorisée des plus heureux dons de la nature et ne possède-t-elle pas dans son sein avec son sol riche et son climat tempéré, tous les éléments de ce genre de prospérité?

Une décision de Monsieur le Ministre de l'Agriculture et du Commerce a désigné pour 1873 les membres du Jury devant donner les primes aux poulinières ; ce sont 1º M. l'Inspecteur des haras, ou en son absence M. le comte de Pardieu directeur du haras du Pin. 2º M. le baron de Cointet, commandant du dépôt de la remonte à Alençon, ou son remplaçant. 3º M. le comte Rœderer, membre du Conseil général. 4º M. le comte de Flers, membre du Conseil général. 5º M. Schenetz, membre du Conseil général.

Ce jury ayant une délégation spéciale et publique et devant distribuer l'argent des contribuables ; nous allons comme payeur d'impôt et comme possédant quelques connaissances hippiques étudier *sa valeur,* bien que les *classes dirigeantes* ne goutent pas beaucoup l'appréciation des humbles.

Tous les administrateurs des haras de l'Etat depuis le ministre Colbert ont provoqué des avalanches de plaintes. Pourquoi ? Parce que l'administration des haras n'a jamais possédé la vraie science du cheval.

Ce n'est point avec de l'omnipotence que l'on atteint le but. Voltaire a dit avec justesse: «Chez l'homme la constante gravité est le signe le plus certain d'une grande médiocrité.» — Nous exceptons les de Montendre, les de Grammont à Meudon, les de Saint-Ange, les Houel, les Richard du Cantal, les Dupont, les du Taya.

N'avons nous pas encore présents à la mémoire le savoir et la grande impartialité de MM. Dupont et du Taya, quand les éleveurs du Mesle-sur-Sarthe avaient la bonne fortune de voir ces Messieuas venir donner les primes à leurs juments ?

M. du Taya étant actuellement directeur général de l'administration des haras, nous en augurons beaucoup de bons résultats pour le Pays.

Pour prouver ce que nous avons avancé, à savoir, que l'administration des haras, ne possède pas la science du cheval, il nous faudrait faire l'histoire retrospective et complète de cette administration ; bien que nous ayons les éléments nécessaires pour entreprendre cette besogne, nons ne le ferons pas ; nous allons faire deux citations : En 1844, une société d'hommes d'une grande valeur scientifique se forma pour étudier la question chevaline française et prévenir le Pays et

les Chambres de sa situation. Cette assemblée prit le nom de
Comice hippique ; elle dit quelque part dans son judicieux
rapport ....
« L'administration engagerait gravement sa responsabilité si
« elle continuait à suivre la même voie. *Le systéme doit être*
« *abandonné* » ....

Et plus loin..
« le Comice hippique s'est réuni pour jeter quelque lumière
« sur la question chevaline, pour *stimuler l'administration*
« et s'il le fallait, *combattre son incurie.* »

Plus tard M. Houel, inspecteur des haras, hippiâtre instruit
et écrivain distingué, dit dans son traité complet de l'élève
du cheval breton : « *En France, il n'y a point de science du*
« *cheval.* » — Aussi l'administration, jusqu'à ce que M. du
Taya fût directeur général, n'a obtenu que des résultats peu
satisfaisants.

Pour les hommes instruits en hippologie, il était de toute
impossibilité qu'il en fût autrement ; en voici la cause :

Les incertitudes, les tâtonnements, les changements in-
cessants de systèmes, suivis une année et oubliés l'année
suivante, puis repris, prouvent jusqu'à l'évidence que cette
administration n'a jamais eu ni *méthode arrêtée*, ni *base*, ni
principes, ni *dogmes scientifiques*.

Sans la vraie science point de progrès, comme sans lumière
point de clarté. Dans son passé, cette administration a été
une vaste lanterne dans laquelle on avait toujours oublié la
lumière. Espérons que dans l'avenir, l'oubli de la lumière
sera réparé. L'anarchie avec son génie destructeur a toujours
présidé aux actes de l'administration : le *but administratif*
a continuellement anhihilé le *but véritable*, la production
chevaline rationnelle et utilitaire.

Nous devons remarquer, à la louange du directeur général
de l'agriculture que le 11 septembre 1871, un arrêté ministériel a créé des places de *stagiaires* dans les dépôts d'étalons. Au préalable il aurait fallu *rétablir l'école des haras*,
d'heureuse mémoire, telle qu'elle a existé de 1840 à 1850. —
Selon nous, on a mis la charrue devant les bœufs.

Bien évidemment, le système des stagiaires est très-bon, il
devra produire d'excellents résultats ; mais nous constatons
avec peine que le questionnaire du programme pour être
admis à faire son stage dans les haras est beaucoup trop
étendu, on s'est appliqué à accumuler des difficultés par trop
grandes pour des débutants, et nous affirmons que dans les
haras actuels, il n'y a pas un examinateur capable de répondre à toutes les questions posées dans le programme.

La mission véritable des haras, pour le Mêle-sur-Sarthe,
est que de vrais connaisseurs en chevaux fasse le choix,
d'après la science hippique, de reproducteurs mâles et femelles ; que les accouplements soient surveillés par des spécialistes en productions chevalines et que l'infusion du sang
soit faite au moyen d'étalons arabes et d'élalons anglo-nor-
mands de choix et non avec des étalons de pur sang anglais

souvent mauvais et tarés ou de demi-sang anglais dont l'origine est ordinairement incertaine et douteuse.

L'élément des *remontes de l'armée* existe dans le jury des juments poulinières.

De tous les encouragements, le seul réellement efficace, serait celui qui assurerait à chaque éleveur un prix de ses produits proportionnel aux sacrifices qu'il aurait faits. — La fabrication pour tous les produits, répond toujours aux chances de vente. — L'offre obéit à la demande.

Nous disons avec une conviction profonde basée sur nos observations journalières, et cela d'une manière générale que si les officiers acheteurs de la remonte sont aptes à choisir le cheval d'arme, il est évident qu'ils ne le sont pas au même degré à diriger la production, l'élevage et la sélection chevaline.

Dans ces derniers temps, nous avons vu souvent des chevaux de la contrée du Mesle-sur-Sarthe refusés, comme chevaux de rang, au dépôt de remonte d'Alençon; les mêmes chevaux ont été livrés au dépôt de remonte de Caen, comme chevaux d'officiers, et nous avons aussi vu des chevaux de la Manche refusés par le dépôt de St-Lô, comme chevaux de rang, lesquels chevaux ont été livrés au dépôt de remonte d'Alençon comme chevaux d'officiers.

Ces faits sont loin de prouver en faveur de la capacité chevaline de MM les officiers de la remonte.

Le principal rôle d'un commandant de dépôt de remonte est — d'étudier le pays dans lequel il se trouve au point de vue des productions naturelles; — d'établir la relation qui doit exister au point de vue de la rémunération entre le produit fabriqué, le cheval, et les matériaux employés à cette fabrication; — de porter à la connaissance de Monsieur le Ministre de la guerre le prix que coûte le cheval d'arme à produire et à élever; parce que, pour les éleveurs, si le prix est rémunérateur, la production sera incessante.

Dans le temps, nous avons connu à Alençon, un commandant de remonte qui prétendait que le cheval d'arme ne coûtait rien à produire; se basant sur ce que le cheval s'élevait en mangeant dans les herbages toute l'herbe que refusait le bœuf.

L'absurde ne se discute point.

Si vous voulez avoir le cheval d'arme, il faut le payer son prix; dans ce cas vous n'avez qu'à solliciter la révision des tarifs d'achats des remontes, près M. le ministre de la guerre.

On nous a dit que cette année, M. le commandant du dépôt d'Alençon, ayant été appelé dans le sein de la Commission du Conseil général, s'occupant de l'industrie chevaline, a été le promoteur de cette idée : que la jument poulinière primée, sera gardée deux ans par son propriétaire, ou sans quoi, celui-ci devra rendre les primes. Cette exigence n'aura qu'un mérite, celui d'enlever la liberté de l'éleveur.

Comment, aujourd'hui que la valeur des primes est beaucoup augmentée, une forte prime, à laquelle s'ajoute le prix élevé du poulain ne suffirait point pour empêcher la vente des poulinières primées!

Tous les hommes sensés pensent le contraire. En Normandie et principalement dans la contrée du Mesle-sur-Sarthe, nous ne sommes ni dans la Creuse, ni dans la Haute-Vienne où agit M. de Fontrobert, directeur du Haras de Pompadour. Dans ces deux départements cette exigence est indispensable.

Dans la contrée du Mesle-sur-Sarthe, si la science hippique judicieuse vient à y diriger la production, nous aurons bientôt une pépinière de chevaux de demi-sang remarquable par ses qualités — et la collection de nos juments poulinières de demi-sang formera, à bref délai, une magnifique jumenterie produisant bien et bon.

Mais il ne faut point que les éleveurs suivent les errements des amateurs de chevaux à raisonnements spécieux, qui font toujours fausse route, quand il s'agit d'appliquer l'idée pratique en production chevaline.

Il serait à désirer pour la production du cheval d'arme, qu'en France et principalement dans notre contrée du Mesle-sur-Sarthe, les officiers de la remonte fissent ce qu'a fait M. Bernis, vétérinaire principal pour ce genre de production dans nos possessions d'Afrique.

Eh bien, ce qu'il a fait est tout simple, il s'est inspiré de la science de la nature et de la zoologie appliquées. Et voici la prévision du résultat, par l'emploi de son système :

« ...... Si l'on veut bien réfléchir au nombre de poulains
« d'après ce système que 60 à 70 milles juments Algériennes,
« saillies par 2,200 ou 2,300 étalons (30 saillies par an et par
« étalon) peuvent produire dans l'espace de dix ans, on verra,
« même qu'en ne calculant que sur cinq poulains par jument,
« on arrive à la production énorme de 300 à 350 mille che-
« vaux. »

C'est M. le maréchal Randon qui a patronné ce système.

A notre grand regret, en Normandie, nous n'avons point d'officiers de remonte doués d'une semblable sagacité hippique.

Dans le jury des primes pour les juments poulinières, nous avons un *membre du Jockey-Club.*

Le Jockey-Club est une collection à part dans notre société française, composée d'hommes élégants, de haute existence, presque toujours à belles façons et de dehors distingués. — Chez la plupart la passion du cheval est très-limitée et généralement ces messieurs n'aiment pas le cheval pour le cheval, mais pour les prix d'hippodrome qu'il doit remporter ou pour les paris qu'il doit gagner.

N'a-t-il pas été scandaleux d'apprendre que *Boyard* avait gagné en *paris* dans quelques minutes la somme fabuleuse de 5 à 600 mille francs. — Nous avons cependant éprouvé

2

une grande satisfaction en lui voyant gagner le prix de 100 mille francs donné par la ville de Paris. — Ce cheval est né et a été élevé dans notre canton du Mesle-sur-Sarthe. Nous ne pensons point que la gentilhommerie qui a produit *Boyard* ait pour but l'amélioration de la race chevaline Cette variété de producteurs du turf veut en sacrifiant *tout*, obtenir des chevaux de *jeu*.

Le joueur songe-t-il à autre chose qu'à gagner?

En fabricant le cheval d'hippodrome, par l'emploi immodéré .lu pur sang anglais, et par l'usage de l'entraînement sur des sujets trop jeunes, ces amateurs de courses épuisent les plus riches organisations et les tarent le plus ordinai.ement. Rien n'est donc plus contraire à l'amélioration de la race de demi-sang anglo-normand.

Sortez ces amateurs effrénés du cheval d'hippodrome, il n'y a plus rien; hors cela, comme ils le disent, il n'y a plus que des bestiaux (mot trivial qui signifie mauvais chevaux).

La panacée universelle du jockey-club est le pur sang anglais, *lequel a nui* infiniment et *nuira beaucoup*. si l'on n'y prend garde, à la production du demi-sang normand et par conséquent à celle du cheval d'arme.

Déjà dans notre contrée du Mesle-sur-Sarthe, nous rencontrons des sujets de croisement à corps gros et à jambes petites et grêles.

Ces gens de *mode* et de *jeu* prétendent, et ils le repètent sur tous les tons, que le pur sang anglais doit et peut améliorer toutes nos races françaises et donner un cheval pour tous nos services usuels. Ce sont là deux très-grosses erreurs; l'expérience et la pratique les ont condamnées. Nous espérons que nos éleveurs ne s'y laisseront plus prendre.

Et cela parce que le poids porté par les vainqueurs du Turf est trop léger ; quatre-vingt-dix-neuf fois sur cent les prix sont gagnés par des chevaux qui ne peuvent point être étalons reproducteurs , attendu que leur conformation est mauvaise. L'augmentation du poids à porter par chaque cheval de courses changerait les résultats et les types d'étalons. C'est alors que l'épreuve de l'hippodrome servirait à faire un triage de chevaux de fond et de qualités.

Le Jockey-club étant une société agissant en son nom personnel peut nous dire : — Ce que nous faisons ne vous regarde pas, nous agissons selon nos vues. A quoi nous répondrons :

Mais si les énormes prix que vous pouvez gagner annuellement, en dehors de ceux que vous créez, avaient un emploi rationel, le pays en tirerait grand profit, surtout si la valeur en était destinée, même pour moitié, à augmenter le nombre des primes aux bonnes poulinières et aux meilleurs étalons. Cette augmentation du nombre des primes est la bonne panacée, nous dirons même la plus efficace.

A qui ferez-vous croire qu'en créant vos vainqueurs, vous voulez améliorer la race? On nous dit qu'en 1874 vous prendrez 2,500 fr. par saillie pour un de vos chevaux. Mais c'est susceptible de rabais.

Voyez-vous monsieur le membre du Jockey-club, il est difficile d'être aristocrate et démocrate, et comme le dit le poëte, nul ne peut en même temps cueillir les fleurs du printemps et les fruits de l'automne.

.A notre sens, un membre du Jockey-Club a tout son faible bagage de connaissance hippique absorbé, totalement absorbé par la furie d'abord de produire un cheval de jeu et ensuite par l'emploi à outrance du pur sang anglais — et certainement la production du cheval de demi-sang n'occupe qu'une bien minime place dans son esprit chevalin.

Du pur sang anglais, il en faut, mais pas trop n'en faut.

Du pur sang arabe, il en faut et toujours il en faut.

Le sang arabe infusé dans les poulinières de la contrée du Mesle-sur-Sarthe produirait souplesse, énergie, cachet et docilité. — Alors nous aurions le cheval d'arme.

Ce que les amateurs de chevaux ne pardonneront jamais au Jockey-Club, c'est la suppression dans un but spéculatif et tout individuel des jumenteries des haras du Pin et de Pompadour.

Quelles pertes pour la France! Elles sont incalculables.

Les deux autres membres du jury des juments poulinières, nous n'avons pas l'honneur de les connaitre! *nous savons seulement qu'ils sont membres du conseil général.* Nous nous bornerons à citer un passage que nous avons lu quelque part
. . . .

« On ne comprend pas même, par quelle aberration, des
« hommes fort honorables d'ailleurs, mais qui n'ont pas fait
« du cheval une étude spéciale, osent assumer une telle
« responsabilité (accepter d'être membre du jury des primes
« pour les juments poulinières). On peut être membre du
« conseil général et ne pas s'entendre en chevaux. — C'est
« une preuve de peu de jugement et même d'improbité civi-
« que que de disposer au hasard de l'argent du pays et de la
« réputation des éleveurs. »

Il y a de cela bien longtemps que nous pensions comme cet écrivain, ancien inspecteur des Haras, faisant autorité et qui imprimait ces lignes en 1871.

Avec des jurés identiques à ceux dont nous venons d'analyser les courants d'idées *à priori*, combien d'erreurs n'avons-nous pas vu commettre depuis vingt-cinq ans à la distribution des primes des poulinières du Mesle-sur-Sarthe?

Le Mesle-sur-Sarthe ne sera pas la seule contrée d'élevage à subir l'influence de cette commission, Alençon, le Haras-du-Pin et Domfront verront aussi fonctionner ces jurés.

Espérons que l'autorité qui doit nommer ce jury voudra bien à l'avenir réfléchir sur son choix.

Ceux que nous désignerions, seraient toujours des hommes possédant une science hippique éprouvée et ayant beaucoup d'impartialité. — Nous écarterions toujours les membres qui seraient susceptibles d'avoir des relations intéressées, politiques même, avec les exposants des juments.

Déjà nous entendons dire ; la critique est facile et l'art est difficile. — A cela nous répondrons la science est moins faillible que le hasard.

Les considérations que nous venons de développer sont assurément graves et appellent, nous le croyons du moins, l'attention de tous ceux qui s'intéressent à l'amélioration de notre race chevaline.

Nous aurons du reste l'occasion d'y revenir, car nous nous proposons, aussitôt que la distribution des primes aura été faite, aux juments poulinières de la contrée du Mesle-sur-Sarthe, de rédiger un compte rendu détaillé des opérations du jury et de rechercher quels principes auront servi de base aux appréciations des membres de la commission d'examen.

Nous n'entendons pas critiquer systématiquement les décisions de cette commission, nos lecteurs peuvent en être convaincus, — c'est avec une entière indépendance comme avec une impartialité absolue que nous nous efforcerons de distribuer l'éloge comme le blâme.

Le Mesle-sur-Sarthe, le 5 octobre 1873.

Cette note sur le jury de la prime des juments poulinières de la contrée du Mesle-sur-Sarthe a soulevé *une véritable tempête* à laquelle nous étions loin de nous attendre.

Une paisible discussion de science hippique devait-elle aboutir à des orages menaçants et dégénérer en de vulgaires personnalités ?

Nous n'avons jamais eu en écrivant l'article auquel nous faisons allusion d'autre mobile que l'amour sincère de la vérité, de la justice pour tous et de l'impartialité la plus grande. Tout cela au bénéfice du monde des éleveurs de chevaux de la contrée du Mêle-sur-Sarthe.

Notre article veut dire : guerre au favoritisme et au manque de connaissances en chevaux.

Lorsqu'un courageux spécialiste met le doigt sur la plaie des abus, il faut l'en remercier et ne pas lui répondre par de grossières personnalités. Après tout cela nous est bien indifférent ; les invectives ne sauraient blesser que ceux qui les lancent si mal à propos. C'est la gentihommerie qui fulmine et jette les hauts cris.

Donc elle a tort.

De la part des hommes qui ne partagent point nos vues en matière de production chevaline, nous attendions des preuves scientifiques qui établissent que nous ne sommes point dans le vrai.

Nous n'ignorions pas que l'on est toujours malvenu, quand par la voie de la presse, on met en doute la capacité scientifique d'hommes puissants et hauts placés, ou quand on se hasarde à démontrer à des gens qui se croient forts, que le bagage de leurs connaissances hippiques est assurément fort léger.

Hé bien! que ceux qui ne partagent point nos vue scientifiques fassent une réponse à notre notice, et ils nous trouveront toujours sur la brèche pour défendre les vérités importantes que nous avons avancées, et nous le ferons en nous mettant au-dessus des haines personnelles, des passions de partis pris et de système exclusif arrêté. C'est de la discussion que naît la vérité.

On nous affirme que les membres du jury qui a distribué les primes au Mesle-sur-Sarthe, au Haras-du-Pin et à Alençon, le 10 octobre, ont fait signer aux *éleveurs exposants*, une protestation contre notre écrit, et aussi que, dans cette protestation, ces mêmes éleveurs reconnaissent la *compétence* et *l'honorabilité* des membres de cette commission.

C'est là un véritable enfantillage.

On nous dit également que les membres de la commission ont posé l'ultimatum suivant aux éleveurs présentant des juments au concours :

« Si vous refusez de reconnaître par vos signatures, notre compétence et notre honorabilité, nous refuserons nous, *d'examiner vos juments*, et de *vous distribuer des primes.* »

C'est de plus en plus fort.

Si ces deux faits sont exacts et les renseignements précis qui nous sont donnés ne permettent guère le doute, ils ont à notre humble avis, une haute signification.

Que ceux qui n'ont point eu connaissance de notre appréciation sur la *valeur* déduite à priori du courant d'idées de chacun des membres de la commission, la lisent et la méditent, et ils resteront convaincus que ce modeste écrit est la défense pure et simple des intérêts de tous les éleveurs de Normandie, intérêts trop souvent oubliés et méconnus. — Nous y contestons la compétence en chevaux d'un certain nombre de membres de la commission, mais nous ne mettons nullement en cause leur honorabilité. — Nous n'avons pas voulu atteindre les personnes, nous avons voulu vulgariser la science hippique si ignorée et pourtant si nécessaire dans nos contrées de production chevaline.

Ceci dit nous allons aborder de suite la question du concours des juments poulinières du Mesle-sur-Sarthe, et mettre nos lecteurs en mesure d'apprécier si les concours sont organisés de manière à favoriser l'élevage et à augmenter notre production chevaline.

Le Mesle, le 11 octobre 1873.

CHAPITRE QUATRIÈME

Compte-rendu du concours des poulinières de demi-sang de la contrée du Mesle-sur-Sarthe, laquelle a eu lieu le 10 octobre 1873.

Le 10 octobre, à midi, la commission nommée pour le concours des poulinières de demi-sang et composée de MM. 1º de la Houssaye, inspecteur général des haras au Pin ; 2º de Pardieu, directeur du haras du Pin ; 3º de Cointet, commandant le dépôt de remonte d'Alençon ; 4º X..., officier acheteur des remontes, nous dit-on ; 5º de Flers, membre du conseil général, et 6º Schenetz, membre du conseil général, a commencé l'examen de soixante-onze juments inscrites, dont quarante-six suivies de leurs poulains et de vingt-cinq non suitées. — Nous remarquons qu'un membre du conseil général, M. le comte de Rœderer ne prend point part aux opérations de la commission, quoiqu'il soit présent et désigné régulièrement par M. le ministre de l'Agriculture et du Commerce. — Faut-il rattacher la cause de son abstention à notre écrit du 7 octobre, dans lequel nous nous sommes constitué le défenseur de la justice et de la véritable science contre le favoritisme et l'ignorance des connaissances en chevaux ? Nous nous bornerons à poser la question en laissant aux hommes sensés le soin de la résoudre.

Toutes les juments qui doivent prendre part au Concours de la prime sont réunies sur la route nationale de Paris à Brest, longeant l'herbage de la Morinière. Cet emplacement est très-convenable pour ce genre d'opération. Les juments portant chacune un numéro d'inscription et appelées à tour de rôle sont vues une à une sur la route qui fournit à cet endroit un trottoir bien approprié.

A quatre heures et demie, tout ce complexe travail est terminé (115 têtes à examiner, deux juments non suitées n'ayant point été présentées).

A notre époque, le temps c'est de l'argent ; mais véritablement, pour tout homme, même le plus compétent en chevaux, n'est-il pas matériellement impossible d'examiner en quatre heures et demie cent quinze têtes de juments et de poulains d'une manière sérieuse ? Ce qui fait en moyenne moins de deux minutes et demie pour chaque sujet.

Malgré le haut intérêt que devrait faire naître cette intéressante exhibition chevaline, nous remaquons avec regret, qu'il n'y a de présents à ce concours que les intéressés à y assister. Cette absence du monde des cheuaux prouve jusqu'à l'évidence que dans notre pays normand, la passion du cheval est des plus limitée et même très-engourdie.

A notre époque, l'amour du lucre est le seul mobile faisant que l'éleveur aime le cheval plus ou moins ; rarement la passion du beau et bon cheval fait vibrer les cordes de son âme. — Nous ne sommes plus ni au siècle des palefrois, des destriers et des chevaliers, ni au temps où l'instinct belliqueux et plein de charmes portait tout homme de cœur à l'amour d'un noble coursier. Il faut bien dire aussi, que depuis la confection, sur notre territoire des routes et des chemins de fer, ce vers heureux est devenu une grande vérité :

« La distance est un mot que la vapeur emporte. »

L'industrie chevaline en a subi toutes les conséquences ; dans ces derniers temps, la viande de bœuf ayant pris une grande faveur comme prix, subitement la production et l'élève du cheval ont été presque abandonnés ; c'est tellement vrai, que dans notre contrée du Mesle-sur-Sarthe l'élève du cheval est réduit de moitié. A la vérité si le nombre a diminué, les chevaux ont gagné de qualité. L'etat fait tous les efforts possibles pour rappeler l'éleveur à la production chevaline ; n'est-ce pas pour le pays une question d'un haut intérêt national. Qui, en effet, n'a pas présent à la mémoire la pénurie de chevaux constatée, lorsqu'il s'est agi de remonter notre cavalerie pour soutenir la fatale guerre de 1870-71.

La très-nombreuse est très-remarquable collection de juments poulinières présentée au concours semble avoir un air de famille. C'est du mirage. Nous ne croyons pas qu'il existe dans les divers berceaux chevalins de France, une contrée dans laquelle la paire de chevaux soit aussi difficile à trouver que chez nous. Administration des Haras, c'est ton œuvre ! Cependant notre race de demi-sang de la contrée du Mesle-sur-Sarthe est le produit du même sol, du même climat et d'une éducation identique. L'accouplement est la cause la plus directe de cette infinie variété dans la conformation, dans la corpulence, dans la taille, dans la robe, en un mot dans les types.

L'Etat emploie annuellement des sommes d'argent important ntes pour l'achat d'étalons reproducteurs de demi-sang et il donne presque pour rien la saillie des juments aux éleveurs. — Aussi n'est-il pas absurde et contraire à toute bonne pratique en production chevaline, de voir, à notre station, du Mesle-sur-Sarthe donner le sang le plus riche à des juments de la plus mauvaise nature, de la conformation la plus ridicule et qui souvent sont atteintes de tares essentielles se transmettant par la génération, telles que tumeurs osseuses, fluxion périodique, entreprise d'épaules, etc., etc. ?

Mais cela importe peu à l'administration des haras, elle vise au nombre et non à la qualité des sujets qu'elle produit.

L'usage immodéré des étalons pour la saillie conduit à un résultat déplorable auquel il serait urgent de remédier. Quand un étalon saillit trop, il ne fait point de poulains ; l'abus de la saillie développe dans les organes sexuels de l'étalon un orgasme qui fait perdre de la qualité à la liqueur séminale. Rationnellement, l'étalon ne doit faire par an que 30 à 40 saillies ; bien des fois nous avons vu des étalons en faire le double et le triple. On peut nous dire : le remède s'il vous plaît ? Nous répondons : il faudrait qu'un homme spécial en chevaux surveillât les juments amenées aux stations d'étalons afin d'écarter les indignes et les tarées. — Il faudrait aussi que cet homme donnât l'idée du bon accouplement.

A notre sens, il serait très-utile que l'administrateur des Haras publiât pour chaque station un historique succinct sur chaque étalon relativement à son origine, à ses qualités absolues et relatives, à son éducation et aux produits qu'il a déjà donnés.

Jamais au Mesle-sur-Sarthe, on a vu une prime aussi splendide par le nombre et la qualité des juments et des poulains présentés. Ces sortes d'exhibitions devraient avoir, non-seulement pour résultat de stimuler l'amour propre des éleveurs mais aussi, de faire naître l'émulation et l'espoir d'obtenir une récompense aussi flatteuse que lucrative.

Augmenter le nombre des primes aux juments poulinières serait employer la vraie panacée, la plus efficace disons-nous pour obtenir à bref délai une bonne et belle race de demi-sang. Aucune dépense ne pourrait être faite plus à propos et ne porterait de fruits plus immédiats pour le pays tout entier. Et cela pourrait être fait sans augmenter les charges des payeurs d'impôts. Voici comment : réduire l'importance des prix accordés annuellement au Jockey-Club, soit pour un quart, soit pour un sixième. — Il est à la connaissance de tout le monde que cette Société, le plus ordinairement, altère les plus riches sujets reproducteurs et les tare le plus souvent.

Avec intention, nous répétons *qu'augmenter* le nombre des primes pour les poulinières, est le bon moyen pour engager les producteurs à élever d'avantage. Nous ajoutons que des primes de 500 fr. sont trop importantes, car l'homme le plus fort en chevaux peut-il reconnaître les nuances de qualités établissant la différence existant entre une jument primée de 500 fr. et celle qui ne recevra que 400 fr. et même 300 fr.

Dans la plupart des cas, les primes de 500 fr. font crier les éleveurs au *favoritisme* et cela sans compensation aucune pour le perfectionnement de la race chevaline.

Augmentez le nombre des primes et l'émulation des producteurs grandira d'autant.

Des primes de 400 fr. de 300 et de 200 fr. par tête de jument seraient bien suffisantes.

La nature a des lieux d'élection de production dont l'homme instruit et pratique doit savoir tirer fruit Dans la localité du Mesle-sur-Sarthe, le sol est abondant et bocagé, le climat est tempéré, nos éleveurs, généralement, donnent une bonne éducation à leurs poulains d'élite. — Autant de causes pour lesquelles la production chevaline prospère chez nous. Nulle part, on ne pourrait faire mieux, si une direction ferme et spéciale intervenait dans la question du choix des étalons et des accouplements.

Nous avons suivi, avec un très-vif intérêt les opérations du jury, nous allons rendre compte de nos impressions.

Voici le résultat du concours proclamé par M. l'Inspecteur des Haras :

4 PRIMES DE 500 Fr.

N 30. — MYOSOTIS. — Père Elu. — mère Solide, — 4 ans, 1^{m}58, alezan doré, — pelotte prolongée entre les naseaux. Son poulain, par *Abrantès*, bai, conformation irréprochable. — très-belle nature de membres, promettant un grand avenir — On le dit vendu à M. le marquis de Cornuillé, 2,120 fr.. appartenant à M. Lindet Charles, éleveur à Saint-Léger-sur-Sarthe.

N° 67. — MISS-BELL. — Père et mère d'origine américaine — 14 ans, — 1^{m}55, allezan doré, — tête petite-pelotte.

Sa pouliche par Kilomètre, — alezan, — c'est la plus riche conformation de tous les poulains du concours, cette pouliche promet d'être digne de son frère *Niger*, acheté cette année, comme étalon, par l'administration des Haras, pour 14,000 fr.

Appartenant à M. Forcinal-Cènéry, de Saint-Léonard-des-Parcs.

N° 63. — LAGRISIÈRE. — Père Séducteur, — mère, une jument de pur sang, par *Gladiator*, 8 ans, — 1^{m}59, — bai brun, — tête pelotte, une balezane partie gauche. Son poulain par *Faust*, — bai brun, — belle conformation dans son dessus, — grèle de membres, — boulets et pàturons trop faibles.

Appartenant à M. Forcinal-Cènery. de Saint-Léonard-des-Parcs.

N° 34. — CARLOTTA. — Père Séducteur, — mère *Kœnisberg*, 8 ans, — 1m 65, — bai brun, — tête pelotte, — quatre balezanes.

Son poulain, par *Abrantès*, — bai, — belle conformation, — d'un grand avenir s'il reçoit une bonne éducation. — Ne pas lui éparger l'avoine, il fera un cheval de forte stature.

On le dit vendu à M. Revel, de Caen, 1,920 fr.

Les quatre premières primes ont été accordées aux quatre juments les plus remarquables par leur *conformation* belle et bonne, — leurs allures brillantes,— et leur *origine* riche ; — chez elles, le sang se retrouve, mais il ne faudrait point les accoupler avec des pures sang anglais légers ; le produit du n° 63 n'est-il pas un avertissement, et si au n° 34 on donnait un pur sang anglais, on ferait certainement un produit défectueux. Qu'on se rappelle bien que c'est la Mère qui donne la corpulence et le Père la nature des membres.

Nous estimons beaucoup l'avenir des n°s 67, 30 et 34 comme demi-sang qui donneront un résultat certain à l'éleveur.

7 PRIMES DE 400 fr.

Nº 29. MISS-JEANNE, père Solide, mère par Tipplecider, seize ans, 1 m. 63, alezan doré, tête pelotte, une balezane postérieure droite. — Sa pouliche, bai, par Abrantès, riche et belle organisation d'ensemble, nature de membres excellente, allures remarquables, promettant d'être digne de sa mère en faisant une poulinière hors ligne, à l'âge ; appartient à M. Lindet de Saint-Léger-sur-Sarthe.

Nº 39. MADEMOISELLE DE SAINT-LEGER, père Séducteur, mère par Tipplecider, 4 ans. 1 m. 60, bai chatain zain. — Sa pouliche, bai, par Abrantès ou Elu. Le père donnant la robe, il est certain que cette pouliche sort d'Abrantès, d'un grand avenir et sera aussi méritante que ses ascendants, appartient à M. Rattier de Saint-Léger-sur-Sarthe.

Nº 25. FRETILLON, père Solide, mère par Eylau, 11 ans, 1 m. 55, bai brun, tête pelotte. — Sa pouliche bai par Condé, bonne et belle conformation, appartient à M. Lindet de Saint-Léger-sur Sarthe.

Nº 69. BRILLANTE, père Utrecht, mère par Montaigne 7 ans, 1 m. 64, bai chatain, trois balezanes, tête liste et ladre aux naseaux. Son poulain, bai cerise. par Abrantès est un des plus remarquables produits de la prime, conformation de qualité exceptionnelle avec une belle nature de membres et d'aplomps, un peu léger, fera un étalon d'élite. On le dit vendu à M. Viel de Caen, 1,520 francs, appartient à M. Leblond de Marchemaisons.

Nº 46. ELVIRE, père Utrecht, mère par Pledge, 9 ans, 1ᵐ 62, bai cerise, ladre au nez, balezanes postérieures. — Sa pouliche, bai cerise par Héliotrope, excellent produit laissant à désirer du côté des jarrets, appartenant à M. Leroyer d'Aunay-les-Bois.

Nº 38. SANS-TACHE, père Séducteur, mère par Montaigne, 5 ans, 1 m. 62, bai marron zain. — Sa pouliche, par Patricien, étalon de pur sang anglais, approuvé par l'administration des Haras, avec 1,500 fr. de subvention annuelle, appartenant à M. de Lamarre, du Jockey-Club, en station chez M. le comte Rœderer. Cette pouliche est un exemple frappant de l'accouplement du pur sang anglais, il en faut, mais par trop n'en faut. Le produit quoi qu'ayant un beau corsage, de belles lignes et une belle expression de tête, laisse beaucoup à désirer dans la nature de ses membres qui sont grêles, avec de pauvres applombs a devant et les jarrets garnis de tumeurs osseuses qui porteront grand préjudice à son avenir ; un accouplement avec Abrantès ou Elu serait certainement plus avantageux pour l'éleveur, appartenant à M. Rattier, René, de Saint-Léger-sur-Sarthe.

Nº 37. NOÉMIE, père Elu, mère par Thésée, 4 ans, 1 m, 55, alezan doré, une balezane postérieure droite. — Sa pouliche, bai, par Abrantès, ce produit n'est pas brillant, la cause doit en être rattachée à ce que c'est le 1ᵉʳ produit de cette poulinière, grêle dans ses membres quoi que sortant d'une

très bonne mère et d'un excellent étalon, appartenant à
M. Rattier, de Saint-Léger-sur-Sarthe.

Ces sept juments sont exceptionnelles de conformation
comme carossières dans les n°s 29, 39, 69, 46 et comme bêtes
de selle dans les n°s 25 et 37. Le n° 29 est un bon reste man-
quant d'état, cet excellant vétéran de la production chevaline
reçoit son dernier encouragement cette année ; plus jeune,
avec son état actuel, bien certainement son classement aurait
été moins avantageux. Parmi les juments de cette catégorie,
nous retrouvons le sang de Tipplecider, Eylau et Pledge et
des allures les plus brillantes, si ce n'est le n° 25 qui les a
embarrassées et porte une tache osseuse au jarret droit. Nous
remarquons que le produit du n° 38 par un pur sang anglais,
n'est pas digne d'envie, et que de semblables accouplements
pourraient porter grand préjudice à notre race de demi-sang
si on l'employait souvent ; cette puissante poulinière est
digne d'un meilleur acccouplement; cependant cette année,
c'est Patricien qui l'a saillie à nouveau, c'est une grande faute.

10 PRIMES DE 300 fr.

N° 10. BELLE DE JOUR, père, Séducteur, mère par Thésée,
grand-mère par Sylvio, 4 ans, 1 m. 55, bai brun, tête pelotte,
deux balezanes diagonales herminées. — Son poulain bai
brun par Elu, bon dans son ensemble, mais un peu léger
dans ses membres. On le dit vendu à M. Viel, de Caen, 920 fr.
appartenant à M. Beslier, de Saint-Julien-sur-Sarthe.

N° 66. GAZELLE, père, The Norfolk-Phénoménon, et mère
par Wildfire, 11 ans, bai brun, tête pelotte, trois balezanes,
belle et bonne conformation, d'une grande richesse d'origine,
avec des allures extraordinaires sans produit, appartenant à
M. Cénery Forcinal, de Saint-Léonard-des-Parcs.

N° 17. VOLTÉRINE, par Elu, et mère par Prince-Colibri, 4
ans, 1 m. 61. alezan doré. Remarquable poulinière possédant
de grandes qualités sans produit, appartenant à M. Tafforeau,
de Bures.

N° 23. SYLVIA, père Waldemar, mère par Sylvio, 8 ans,
1 m. 63, bai chatain, une balezane postérieure gauche, réunit
les qualités de la belle et bonne poulinière sans produit,
appartenant à M. Petonnier, de Montchevrel.

N° 26. GAZELLE, père Elu, mère par Eylau, 4 ans, 1 m. 55,
alezan doré, tête pelotte, 2 balezanes postérieures, son poulain, bai, par Abrantès, beau et bon quoique grêle, n'est-il
pas le premier produit de cette excellente mère, appartenant
à M. Lindet, Charles, de Saint-Léger-sur-Sarthe.

N° 28. PÉGRIOTTE, père, Elu, mère par Eylau, 6 ans,
1 m. 60, bai brun, tête pelotte, sa pouliche, bai, par Abrantès,
bon produit, arrivera à faire une poulinière de prix, appartenant à M. Lindet, Charles, de Saint-Léger-sur-Sarthe.

N° 31. BRILLANTE, par Trouville, et mère par Kœnisberg,
7 ans, 1 m. 66, bai brun, tête-pelotte, une balezane postérieure gauche, herminée, un principe balezane antérieure

gauche, quoique très-grande, elle a toutes les qualités de la belle et bonne poulinière, son accouplement en 1873 avec Sussex-Stag, pur sang anglais, ne devra point donner un bon produit; certainement il sera haut sur jambes et grêle, appartenant à M. Drouin, de Saint-Léger-sur-Sarthe.

N° 33. FUNICA, père Utrecht, mère par Ottoman, 10 ans, 1 m. 62, bai clair, tête liste, trois balezanes dont une antérieure gauche. Sa pouliche bai clair, par Abrantès, laissant beaucoup à désirer dans son dessous qui est grêle, mais beau corsage, appartenant à M. Drouin, de Saint-Léger-sur-Sarthe.

N° 51. FLEURETTE, père, Sérénader, mère par Pledge, 10 ans, 1 m. 60, alezan brûlé. Sa pouliche, alezan brûlé, par Elu, très-bonne, fera une poulinière de mérite, et qui devra par son grand père avoir beaucoup d'allures, appartenant à M. Forcinal, Philibert, de Saint-Aubin-d'Appenay.

N° 56. MISS-LISBETH, par Utrecht, mère par Elu, 8 ans, 1 m. 63, alezan doré, tête-pelotte et ladre à la lèvre inférieure, deux balezanes postérieures. Son poulain bai châtain, par Patricien, étalon de pur sang anglais, dont nous avons parlé tout à l'heure, appartenant à M. de Lamarre, en station chez M. le comte Rœderer, beau corps avec longueur de lignes, belle expression de tête, arrière main plus haut que le devant, tumeurs osseuses au jarret, grêle dans son dessous. Cet accouplement avec un pur sang n'est point digne d'exemple, il eut été préférable de lui donner un étalon de demi-sang de mérite. C'est ce qu'a compris l'éleveur qui, cette année lui a donné Abrantès, dont le produit sera certainement bien supérieur à celui par Patricien, appartenant à M. C. Guitton, de Saint-Léger-sur-Sarthe.

Ces dix juments sont assurément de fort beaux modèles de carrossiers de demi-sang, n'y trouvons-nous pas un grand enseignement par les croisements au revers qui y abondent? En effet, les ascendants du ventre sont tous reproducteurs de mérite, tels que Sylvio, Wildfire, Prince-Colibry, Eylau et Emule; aussi tous les poulains résultant d'étalons de demi-sang sont-ils remarquables par leur belle conformation, par leurs allures brillantes, par la pureté des membres et par des aplombs rares.

Dans le programme du concours des juments poulinières, art. 4, il est dit: *conformément à l'arrêté ministériel du 16 février 1861, la subvention de l'Etat sera exclusivement affectée aux juments suitées.*

La 4e Commission du Conseil général de l'Orne, en répartissant les primes aux poulinières, passe outre cette volonté. — Avec les fonds du département *elle accorde des primes aux juments poulinières non suitées.*

Le rapporteur de cette commission se base sur la raison peu solide que voici: en attribuant des primes aux juments non suitées dit-il, nous obéissons à un usage consacré depuis longtemps. La continuation d'un semblable usage est un abus et un abus de la pire espèce.

Nous allons appuyer notre opinion d'abord de celle de

M. Desmouty, auteur d'un très-bon livre sur les Haras, en suite de celle de M. Houel, ancien inspecteur des Haras.

Dans son traité des Haras, M. Desmouty pose en principe qu'on ne primera que la jument poulinière suivie de son poulain. De son temps *comme du nôtre*, des éleveurs peu consciencieux conduisent leur jument à l'étalon de l'État avec l'intention calculée de rendre la saillie stérile ; mais avec l'espérance d'avoir droit à la prime parce qu'ils sont munis d'une carte de saillie des Haras. Ou bien cet éleveur allègue que le poulain est mort depuis quesques mois, ou que la jument présentée est avortée ou que la dite jument avait un produit l'année dernière.

M. E. Houel, inspecteur des Haras est d'avis qu'à une prime de juments poulinières, on doit accorder exclusivement des primes à la jument suivie de son poulain.

N'est-ce pas la meilleure jument poulinière, suivie du meilleur poulain qui doit recevoir la prime ?

Et il ajoute qu'il n'est point rationel de primer des juments pleines ou seulement saillies ; la prime ne doit être donnée qu'à la jument poulinière suivie d'un poulain de l'année.

. Notre expérience nous fait penser comme ces spécialistes et le conseil général de l'Orne devrait faire cesser un tel abus ; ce serait agir dans l'intérêt de la production chevaline.

Nous avons vu écarter de très-bonnes poulinières suivies d'un bon poulain, quand nous voyions primer des poulinières médiocres non suitées. C'est une cause de découragement.

10 PRIMES DE 200 Fr.

N° 62. — LA MEUNIÈRE, père Cuningham, mère une jument de pur sang par Gladiator, 7 ans, 1 m. 58, bai, pelotte en tête. Son poulain bai rubican, par Faust. Ce poulain grêle dans ses membres est remarquable par la puissance des cuisses et par la longueur de toutes ses lignes : un accouplement avec un étalon dé demi-sang de choix serait bien préférable pour l'éleveur. Appartenant à M. Forcinal-Cénery, de Saint-Léonard-des-Parcs.

N° 41. — ALMA, père Jéricho, mère par Stoker, 13 ans, 1 m. 60, bai cérise clair, tète pelotte, deux balezanes postérieures, sans produit, poulinière trop obèse et entreprise dans les épaules. Appartenant à M. Sallé, dit Lacoste, de Bursard.

N° 58. — ECHALOTTE, père Wanderer, mère par Homère, 14 ans, 1 m. 57, bai, tête quelques poils, une balezane postérieure gauche. Sa pouliche alezan par Ventre-Saint-Gris, étalon pur sang anglais à M. le comte Lagrange Cette pouliche a les rayons longs mais elle est grêle dans les membres. Appartenant à M. Forcinal-Cénéry, de Saint-Léonard-des-Parcs.

N° 36. — IRIS, père Montaigne, mère par Tipplecider, 15 ans, 1 m. 63, bai châtain. Son poulain bai par Héliotrope est bon dans son ensemble, mais haut sur jambes. Appartenant à M. Rattier René, de Saint-Léger-sur-Sarthe.

N° 19. — ORANGE, père Coleraine. mère par Montaigne, 11 ans, 1 m. 60, alezan doré, tête quelques poils, une balezane postérieure. Son poulain bai par Élu est très-bon, il est très-boiteux d'une ensablure, ce qui lui fait beaucoup de tort au jugement d'hommes à connaissances légères, vendu 1,500 fr.

La mère qui d'ordinaire était en première prime; pourquoi a-t-elle démérité cette année? Appartenant à M. Lesage Louis, de Saint-Aubin-d'Appenay.

N° 5. — CÉSARINE, père Waldemar, sa mère par X....., 10 ans, 1 m. 64, bai, sans produit. Sa conformation est exceptionnelle de qualité, comme carrossière; aussi quoiqu'ayant au jarret droit une tumeur synoviale, juste à la place de l'éparvin, elle a été primée.

Son accouplement avec Patricien, étalon approuvé de 1,500 fr. à M. Delamarre, du Jockey-Club, n'est pas sensé. Un cheval de demi-sang comme Abrantès serait bien mieux à l'avantage de l'éleveur. Appartenant à M. Vallembras Charles, de Saint-Julien-sur-Sarthe.

N° 9.— LIZA, père Utrecht, mère par Trouville, 5 ans, 1^m56 bai châtain, une balezane postérieure gauche, sans produit. Remarquable poulinière sous tous les rapports; il est certain qu'elle fera un très-bon produit avec Abrantès, cette alliance est très-judicieuse. Appartenant à M. Beaulavon, d'Essay.

N° 10. — FLORENTINE, père Séducteur, mère par Waldemar, 4 ans, 1 m. 55, bai châtain, une balezane postérieure gauche, sans produit, belle conformation et allures remarquables. Appartenant à M. Burin de Montchevrel.

N° 21. — SULTANE, père Séducteur, mère par Waldemar, 5 ans, 1 m. 59, bai châtain, sans produit. Elle est saillie cette année par Abrantés, c'est un bon accouplement. Avec la richesse de conformation de cette jument, son produit en 1874 devra être excellent. Appartenant à M. Burin, de Montchevrel.

N° 32. — ARTHÉMISE, père Centaure, mère par Noteur, 10 ans, 1 m. 62, bai châtain, tête quelques poils, une balezane postérieure droite, sans produit. Une des poulinières de la prime dont la conformation est exceptionnelle. L'accouplement avec Sussex-Stag, pur sang anglais, est hasardé, le produit qui en résultera sera trop grand. Hannon eût été préférable. Appartenant à M. Drouin, de Saint-Léger-sur-Sarthe.

N° 44. — SÉDUISANTE. père Séducteur, mère par Tipplecider, 4 ans, 1 m. 59, bai châtain, une balezane postérieure droite. Son poulain bai par Abrantès laisse beaucoup à désirer. Appartenant à M. Leroyer, d'Aunay-les-Bois.

N° 47. — DUCHESSE, père Destin, mère par Lucain, 5 ans, 1 m. 62, bai cerise, deux balezanes postérieures, sans produit. Puissante poulinière. L'alliance avec Héliotrope donnera un produit grandier; avec Abrantès le résultat eût été plus certain. Appartenant à M. Leroyer, d'Aunay-les-Bois.

N° 50. — THÉRÉSA, père Elu, mère par Solide, 6 ans,

1 m. 60, alezan doré, tête liste, ladre aux naseaux, trois balezanes, dont une antérieure gauche, sans produit. Cette poulinière est une des plus remarquables de la prime. Nous sommes heureux de la voir cette année saillie par Abrantès. Appartenant à M. Forcinal Philibert, de Saint-Aubin-d'Appenay.

N° 53. — FRÉTILLANTE, père Thorigny, mère par Utrecht, 6 ans, 1 m. 63, bai clair, liste en tête, trois balezanes dont une postérieure gauche, sans produit. Poulinière ayant riche organisation, belle et bonne conformation, bons aplombs et allures remarquables. En 1873, saillie par Abrantès, l'éleveur en sera récompensé. Appartenant à M. Guitton, de Saint-Léger-sur-Sarthe.

N° 55. — FAUSTINE, père Centaure, mère par Tipplecider, 10 ans, 1 m. 56, alezan doré, tête pelotte, une balezane postérieure droite. Sa pouliche bai châtain, par Abrantès, est un peu enlevée. Appartenant à M. Guitton, de Saint-Léger-sur-Sarthe.

Les quinze juments comprises dans la catégorie des primes de 200 francs ne se font point remarquer par leur fécondité, il n'y en a que cinq de suitées numéros 62, 58, 36, 49, 55.

Nous avons lieu d'être étonné que les six membres du jury n'aient point apprécié le n° 2, père Esculape, mère par Valdemar, suitée d'un poulain par Faust, sans doute que la commission a voulu donner une leçon d'accouplement à son propriétaire qui a devancé ce conseil puisque cette jument est saillie cette année par Elu. L'éleveur en aura grande satisfaction. — Le n° 57, père Séducteur, mère par Général, suitée d'un poulain mâle par Abrantès. Ce produit est bon. A propos de cette jument, nous rappelons nos souvenirs de 1872 : elle fut primée en première prime de 300 francs, comme pouliche de trois ans, au Haras-du-Pin. Cette année la jument est remarquablement bonne ainsi que son poulain, et l'éleveur n'a point reçu de prime.

Le n° 15. — ORANGE, père Elu, mère par Séducteur, 4 ans 1 m. 57, alezan doré, tête liste, prolongée entre les naseaux, une balezane postérieure gauche, trace de balezane postérieure droite. Sa pouliche bai par Héliotrope. Ce premier produit d'une jument de 4 ans est bon. Cette poulinière suitée, a une belle et bonne *conformation,* une riche expression de tête, une belle longueur d'encolure, une grande puissance de poitrine de dos et de hanches. — Ses allures sont brillantes, remarquables et ployant bien le genou. — Elle est exempte de tares soit essentielles, soit accidentelles. — Le 27 juillet 1872 (vous pouvez consulter pour vous édifier, lecteur, le moniteur de l'éleveur du 8 août 1872) cette jument âgée de quatre ans, en 1873, recevait au Haras-du-Pin une première prime de 300 francs comme pouliche de trois ans. Pouvait-il en être autrement ? Son racer de mère, par une fille de Séducteur, — sa grand' mère par Prince, — sa grand-grand mère par Mastrillo, — sa grand-grand-grand mère par Pickpoket. Son racer de père : elle est fille d'Elu, sa grand'mère par Tipplecider, etc., etc.

La valeur de cette jument est grande avec son produit, elle vaut plus de trois mille francs; M. Moreuil de Saint-Aubin, son propriétaire ne voudrait la vendre pour aucun prix, basant de grandes espérances sur l'avenir de ses produits.

Parmi les nombreuses erreurs commises cette année par la commission des primes, nous allons nous contenter d'en relever une seulement.

C'est la prime donnée au n° 44 à l'exclusion du n° 45. C'est un exemple frappant du défaut de connaissances en chevaux de la commission. Comment M. l'inspecteur du Haras, ainsi que M. le directeur du Haras-du-Pin vous ne goûtez pas un des plus beaux produits des étalons de la station du Mesle-sur-Sarthe comment M. le commandant de la remonte ainsi que M. l'officier acheteur vous n'avez pas remarqué cette *magnifique alezane*, capable de monter un général?

C'est à ne pas y croire, Orange est comme le chevalier Bayard... sans reproche.

Messieurs composant le jury, vous avez accordé une prime de 200 francs au n° 44 qui a treize ans, n'est point suivi de produit et est entreprise dans ses épaules.

Nous laissons aux signataires de la protestation contre notre écrit du 7 octobre 1873 toute la responsabilité, quand ils accordent à la commission nommée pour distribuer les primes un brévet de *compétence* en chevaux et « de confiance qu'ils ont dans l'impartialité de ses décisions. »

Divin Lafontaine, tu seras toujours vrai :

. . . .

Je crois que le ciel a permis
Pour nos péchés cette infortune.
Que le plus coupable de nous
Se sacrifie aux traits du céleste courroux.

. . . .
. . . .

Ne nous flattons donc point
Voyons sans indulgence
L'état de notre conscience.

Nous sommes en mesure de multiplier les citations et de présenter les faits établissant que le Jury de la prime a commis beaucoup d'erreurs par suite de son défaut de connaissances en chevaux. Nous nous abstenons. — On nous accuserait, si nous le faisions, de vouloir jouer le rôle d'agresseur en décriant le bien d'autrui.

Que tous ceux qui protestent contre nos écrits relatifs à la prime de 1873, soient bien convaincus que nous avons conscience de l'élévation de la cause par nous embrassée et que nous avons aussi grand souci d'écarter de ce débat, purement d'intérêt public, l'irritation et les personnalités, non-seulement au point de vue des membres du jury, mais aussi, à celui du monde des éleveurs de la contrée du Mêle-sur-Sarthe.

MENTIONS HONORABLES

N° 6. — ADOLPHUS, père Urus, mère par Adolphus. Sa pouliche bai par Abrantès, produit médiocre. L'accouplement en 1873 avec Sussex-stag, pur sang anglais en station au Mesle-sur-Sarthe, est bien raisonné ; nous présumons que l'éleveur en aura grande satisfaction. Appartenant à M. Vallambras Charles, de St-Julieu-sur-Sarthe.

N° 15. — ORANGE, père Elu, mère par Séducteur. Sa pouliche bai, par Héliotrope, produit bon. Il faut remarquer que c'est le premier poulain de cette magnifique poulinière de quatre ans. Son propriétaire eût dû faire en 1873 une alliance avec Abrantès ; Héliotrope a été préféré, nous le regrettons. Classée par le jury dans les mentions honorables, cette poulinière était digne d'un meilleur sort ; c'est ce que nous avons démontré précédenment, page 31. Appartenant à M. Moreuil de Saint-Aubin-d'Appenay,

N° 35. — THÉRÉSA, père Séducteur, mère par Tipplecider, son produit mort. L'accouplement avec Abrantès est judicieux. Appartenant à M. Rattier de St-Léger sur-Sarthe.

N° 54. — MATHILDE, père Elu, mère par Sylvio, 4 ans, 1 m. 52, alezan doré. Son poulain bai châtain, par Abrantès, produit remarquable. Cette jument est saillie en 1873 par Patricien, pur sang anglais, approuvé de 1,500 fr., à M. de la Marre du Jockey-Club. Cette alliance devra donner un bon produit, si les jarrets de celui-ci ne sont point bardés de tumeurs osseuses. Cette jument à notre sens est le seul accouplement rationel avec un étalor de pur sang anglais, parmi les juments présentées à la prime. Appartenant à M. Guitton de St-Léger-sur-Sarthe.

En normandie, les éleveurs ne font point de cas des mentions honorables ; ils préfèrent recevoir de l'argent.

Nous manquerions à notre devoir si nous ne disions au jury qu'il ne devait point limiter à 4 les mentions honorables. Les n°ˢ 1, 2, 13, 16, 27, 40, 43, 57 et 59 sont dans les conditions pour recevoir une semblable mention. La grande richesse en nombre et en qualité des poulinières de demi-sang, réunissant les conditions pour obtenir un encouragement, n'est-elle pas très-essentielle à remarquer pour la contrée du Mesle-sur-Sarthe? Cet oubli, que nous ne voulons point qualifier, peut porter un énorme préjudice dans l'avenir aux éleveurs de cette circonscription. En effet, quand il s'agira en 1874 de voter les allocations budgétaires à l'Assemblée nationale et au Conseil général pour créer les crédits destinés à l'encouragement des poulinières de demi-sang et aussi quand le conseil général sera appelé à attribuer aux circonscriptions d'Alençon, du Haras-du-Pin, de Domfront et du Mesle-sur-Sarthe, le nombre et la valeur des primes, — cet argument puissant et concluant en faveur de la contrée du Mesle-sur-Sarthe fera défaut. Cette remarque a une haute importance, c'est pour cela que nous l'enregistrons.

3

Pourquoi les membres de la commission ne font-ils point un compte rendu officiel que les éleveurs et les membres du conseil général de l'Orne pourraient consulter avec fruit? N'est-ce pas par la tradition de l'histoire que les bonnes doctrines se transmettent d'âge en âge et que le progrès peut être certainement constaté?

A la prime de notre localité en 1873, 69 poulinières ont été amenées, deux juments non suitées n'ont point été présentées, n° 11 et n° 68. Trente-six juments ont reçu des récompenses, et de celles qui restent, après examen sérieux, nous jugeons qu'il y en a treize qui sont dignes, qui sont en droit de participer aux encouragements de l'Etat et du Département. Ce sont les n°s 6, 15, 35, 54, 1, 2, 13, 16, 27, 40, 43, 57 et 59. Ce qui précède, prouve év'demment qu'il y a insuffisance d'argent voté annuellement, pour accorder un nombre de primes en rapport avec la riche production chevaline de la contrée du Mesle-sur-Sarthe.

Nous allons citer pour mémoire les n°s 7, 8, 14, 18, 22, 24, 48 et 65, comme portant des tumeurs osseuses à différents degrès et de nature variée, mais toutes transmissibles par la génération. Nous allons aussi enregistrer les n°s 4, 42, 52 et 61, comme entreprises dans les épaules, maladie qui a causé beaucoup de perte d'argent dans les pays de production et d'élevage de chevaux. — C'est héréditaire.

Les éleveurs possédant des poulinières dans ces conditions devraient au moins ne pas les amener à un concours public ou bien ils comptent sur le défaut de connaissances en chevaux des hommes chargés de donner les primes.

Si le jury eut pris le temps nécessaire pour bien juger et s'il eût appliqué des connaissances solides en hippique, bien certainement, ils n'eût point commis autant d'erreurs pour la distribution de l'argent des contribuables.

Nous aurions bien des regrets, si nous terminions le compte-rendu détaillé de la prime du Mesle-sur-Sarthe de 1873, sans entretenir nos lecteurs de la jument n° 71, GAULOISE, père Gaulois, mère par Destin, 4 ans, 1 m. 57, bai avec deux balezanes postérieures. Son poulain bai, par Patricien, à M. de la Marre. du Jockey-Club, est une très-grande déception pour son propriétaire. Ce produit est mauvais, faible de corpulence, très-grêle dans ses membres et taré aux jarrets par des grosseurs osseuses héréditaires; aussi l'éleveur en 1873 a t-il fait saillir cette jument par Elu, et il a eu raison. — A quelle considération a cédé le propriétaire de cette jument en faisant usage du pur sang anglais? nous croyons fort que ce ne peut-être qu'aux sollicitations d'un membre du Jockey-Club. Les expériences en production chevaline coûtent trop chères pour accepter de faire une alliance d'un très-bon type de poulinière de demi-sang avec un étalon de pur sang anglais, dont l'éleveur est loin d'être certain que les produits naîtront avec des qualités. Appartenant à M. Collet de Bursard.

Pour terminer son opération d'examen nous constatons, avec grande surprise, que le jury est très-embarrassé, perplexe même et qu'il est en proie à une grande hésitation, laquelle fait naître l'ennui dans tout le public présent, à tel point que l'attention des connaisseurs se trouve totalement égarée. Divers possesseurs de juments pensaient obtenir une part du gâteau d'encouragement; beaucoup sont convaincus qu'ils s'abusaient et cela parce qu'ils voient des juments inférieures préférées à celles qu'ils exposent. Ce qui dans un concours jette le découragement le plus complet parmi les plus méritants.

L'homme observateur constate facilement que les membres du jury des primes ne font nullement usage soit d'une *bonne méthode* pour arriver au classement judicieux des juments, soit de l'application pratique *des principes de la science du cheval* pour opérer le triage éclairé de ces diverses poulinières. — Confusion, confusion partout; aussi le jury évite avec soin de faire contrôler le résultat de son long, pénible et délicat travail. — Quand on est fort et sûr de soi, on est en mesure de dire au public : voila ma besogne juge et compare ......A la fin de la prime, Messieurs les membres du jury, il aurait fallu, après le classement des juments terminé et les récompenses attribuées, faire placer les lauréats par catégorie de mérite *comme l'indique le programme officiel ;* alors chacun aurait pu se rendre compte, apprécier par comparaison, porter son jugement...... Rien de tout cela n'a été mis en œuvre, et c'est notre profonde conviction que le jury ne voulait pas livrer son classement à la critique. Hé bien, c'est le signe le plus certain de sa grande faiblesse en chevaux. Pourtant les membres de la commission étaient au nombre de *six.*

Nous avons suivi avec une attention soutenue tout ce qui s'est fait à la prime du dix octobre au Mesle-sur-Sarthe et nous le déclarons hautement, comme homme spécial il nous a été impossible de saisir le *mobile* qui faisait agir la commission dans ses choix et dans ses préférences. Nous avions aussi intentionnellement publié avant le 10 octobre, jour fixé pour la prime, notre notice dirigée contre le jury du concours des poulinières afin d'empêcher les abus, le favoritisme, les erreurs et le gaspillage de l'argent des contribuables. Notre écrit voulait dire : Messieurs prenez garde à vous; quelqu'un vous contrôlera.

Malgré ce généreux avertissement, Messieurs les jurés, vous avez marché contre vents et marée, absolument comme un navire privé de son gouvernail, aussi vous avez commis beaucoup de fautes dont nous avons relevé les plus saillantes.

La vraie science est un pilote conduisant avec certitude les passagers au port; Messieurs hâtez-vous d'en apprendre les préceptes pour les primes de 1874.

Le Mesle-sur-Sarthe, le 15 octobre 1873.

CHAPITRE CINQUIÈME

CHOIX D'UN JURY A DÉSIGNER DE PRÉFÉRENCE POUR LA PRIME DES POULINIÈRES

Les primes accordées aux poulinières ont pour but d'encourager par la promesse de récompenses plus ou moins fortes, la multiplication et le perfectionnement de notre race de demi-sang normand.

L'Etat et le Département affectent annuellement leur budget d'une certaine somme d'argent, sortant de la poche du contribuable pour atteindre un résultat pratique et utilitaire au bénéfice de la société toute entière. Les hommes spéciaux en chevaux sont persuadés qu'il est indispensable et urgent que ces sacrifices soient faits en faveur de la production et de l'élevage; aussi les payeurs d'impôts ouvrent-ils généreusement la main pour ces sortes d'encouragements, confiants qu'ils sont dans le pouvoir exécutif dont les efforts doivent aboutir à ce que les fonds votés, arrivent à l'éleveur produisant la jument poulinière la plus méritante. Cette industrie étant très-onéreuse, il est à la connaissance de tout le monde qu'elle ne peut se soutenir elle-même, aussi doit elle être subventionnée largement.

Persuadé que nous sommes qu'il faut éviter que les primes soient une source de découragement pour les producteurs de chevaux, nous comprenons suffisamment que le choix d'un jury pour distribuer les primes, doit peser d'un grand poids dans l'appréciation que chacun fait de la façon dont elles sont attribuées.

Précédemment, nous avons appelé l'attention du monde des chevaux ainsi que des personnes compétentes sur la désignation du jury chargé de distribuer les primes, et nous avons émis cette opinion : que les choix faits par M. le ministre de l'agriculture sur la présentation que lui fait annuellement M. le Préfet de l'Orne, n'étaient pas heureux; — que les hommes devant posséder la science hippique se faisaient remarquer par leur absence dans ce jury; — en effet, des membres du Conseil général, pris en leur qualité de conseillers généraux, et des officiers de remonte, désignés parce qu'ils sont supposés avoir des connaissances en chevaux, dont l'application peut faire naître des doutes sur leur impartialité — (la commission des remonte n'achète-t-elle pas des chevaux aux éleveurs exposant des juments à la prime ? cette situation d'acheteur de chevaux fait naître le soupçon ou de favoritisme ou de haine personnelle vis à vis des vendeurs.)

Pour ces causes et bien d'autres, les deux individualités : conseillers généraux et officiers de remontes ne nous paraissent pas aptes à remplir la mission si spéciale et si délicate de membres du jury des primes.

Nous avons aussi critiqué avec quelque vivacité les agissements de la société du Jockey-Club dont les éleveurs doivent se garder de suivre l'exemple. Ont-ils d'autre but, ces hauts et puissants comtes et barons que de produire le cheval de *jeu* et de *paris*? Nous ajoutions que leur bagage en hippique est fort léger, absorbés qu'ils sont par les grandes émotions du *turf*.

Enfin nous disions que notre espérance était grande pour l'avenir, en ce sens que M. le ministre de l'agriculture ferait sagement d'étendre le cercle de ses choix s'il voulait réellement, par des encouragements convenablement distribués, développer et faire naître l'émulation pour la production et l'élevage du cheval.

Nous sommes profondément convaincus que la désignation d'un jury compétent présente des difficultés très-grandes. La mission est très-délicate à remplir quand il s'agit de choisir des hommes ayant pour mission de porter un jugement sur le cheval si varié dans ses qualités.

D'un autre côté nous savons que la perfection absolue est impossible, mais nous croyons que l'on peut s'en rapprocher en désignant une commission composée de spécialistes en chevaux, réunissant la compétence, l'impartialité et l'indépendance ; qualités qui sont le partage d'hommes ayant acquis une notoriété publique connue de tous.

Hé bien, le jury que nous désignons sera pris parmi des hommes spéciaux en hippique et que nous connaissons les plus aptes, les plus compétents, les plus impartiaux et les plus indépendants ; ces qualités seront beaucoup appréciées par le public intéressé à ce genre d'encouragement.

Notre premier membre sera un *Inspecteur général des Haras*. Ce fonctionnaire de l'Etat connaît : 1º la *conformation* du cheval d'arme, du cheval destiné à nos services usuels, du cheval de luxe et du cheval de selle ; 2º *l'origine* exacte des étalons et des poulinières et aussi leur *performance;* et 3º la valeur et l'avenir *du produit* qui suit la mère. Selon nous, ce membre de la Commission a toute la compétence nécessaire pour apprécier juste. Nous le choisissons à l'exclusion de tout autre employé de l'administratiou des Haras. Cette dernière n'ayant point d'école spéciale des Haras, pèche par la base et il faut vieillir sous le harnais de la pratique pour devenir fort en chevaux.

Notre deuxième membre sera un *vétérinaire*. Dans les régiments de notre cavalerie et dans l'administration des Haras se rencontrent des vétérinaires possédant *à un haut degré la science du cheval*; M. le ministre n'a que l'embarras du choix. Ces hommes instruits et pratiques n'ont-ils pas occupé leur vie entière à étudier l'hippiatrique et la production du cheval, son élevage et son perfectionnement dans les différentes contrées de la France? Toujours nous écarterons ou le vétérinaire civil, ou le vétérinaire de l'Etat habitant la contrée dans laquelle se tient la prime ; sans cependant craindre que dans cette situation d'honneur, son intérêt personnel gênat jamais sa conscience.

Notre troisième membre sera un *éleveur* ou un *marchand de chevaux*, ou un *attaché à l'industrie chevaline* tel qu'un *Directeur d'école de dressage*. Si l'éleveur ou le marchand de chevaux ne connaît point scolastiquement le cheval, il possède une certaine dose de connaissances pratiques qui le rendent apte à bien juger les qualités indispensables à une bonne jument poulinière.

L'inspecteur ou le directeur d'une école de dressage n'ignore jamais *la vraie science du cheval*, il la connaît à fond, puisque le dressage des chevaux est une école quotidienne et incessante faisant découvrir à l'homme sagace les qualités et les défauts inhérents aux sujets dont il doit faire l'éducation. Dans tous les cas, l'un ou l'autre de ces membres doit être choisi en dehors de la localité dans laquelle a lieu la prime.

Tel est le jury que nous préférons à tous ceux que nous avons vu fonctionner au Mesle-sur-Sarthe, depuis longues années. Ces trois membres composant le jury des primes, ont en partage les connaissances spéciales en chevaux, et leur position sociale honorable et indépendante les met à l'abri de toute suspicion de favoritisme.

Ayant à cœur de désigner un jury qui doit être à l'abri de tout soupçon; nous proposons que le choix des membres de la commission soit affirmé par une *élection* au bulletin secret et à la majorité relative. Dans l'espèce, une élection est des plus facile à organiser. M. le Préfet convoquerait à une réunion se tenant à Alençon en juillet, de chaque année, tous les éleveurs de chevaux de demi-sang du département de l'Orne. Serait admis à voter tout éleveur porteur d'une carte de saillie en bonne forme et émanant soit de l'administration des haras nationaux, soit d'un propriétaire ayant des étalons de demi-sang approuvés.

Cette assemblée électorale serait présidée par M. le Préfet ou par son délégué. — Seront adjoints au président, deux assesseurs pris parmi les plus âgés des éleveurs présents. Ce bureau électoral aurait pour secrétaire le plus jeune éleveur présent.

On comprend bien que par cette simple opération électorale, les éleveurs ayant fait choix d'un jury pour la prime, les plaintes n'auront plus la raison de se produire, chacun aura désigné librement ses Juges; les décisions seront respectées.

Trois membres pour ces sortes d'opérations sont suffisants. On nous objectera qu'aux primes des poulinières en 1873, les membres du jury étaient au nombre de six. Ma foi tant pis. C'est peut être la cause qui a fait commettre à ces messieurs autant d'erreurs qui ont été saisies par tout le public et par nous en particulier, qui avons relevé les principales dans le compte rendu détaillé de cette prime. (pages 22 et suivantes.)

Les hommes qui s'occupent de l'industrie chevaline seraient heureux, si M. le ministre de l'agriculture réclamait aux trois spécialistes en chevaux choisis pour le jury des primes, *un compte rendu détaillé de leurs opérations*. Ce serait le véritable moyen de connaître la situation de la production, l'influence des croisements, la valeur des reproducteurs mâles et femelles, etc., etc. Ce qui aurait pour conséquence naturelle d'indiquer la direction d'un progrès possible, en perfectionnant, en production, en multiplication et en élevage, de notre race chevaline de demi-sang.

Jusqu'à ce jour, il n'y a point eu de compte rendu obligatoire rédigé par les membres de la commission des primes. Aussi quel enseignement a-t-on retiré des primes? Quel progrès les primes ont elles fait faire comme production chevaline? Dans l'Orne, depuis vingt-cinq ans, que *d'argent dépensé* inutilement? Nous laissons cette addition a faire à MM. les membres du Conseil général.

En bonne conscience, l'argent des contribuables devrait mieux être employé.

Nous avons encore à nous occuper d'une *réforme* qui croyons nous est des plus *urgentes*.

Le jury ne devrait jamais *connaître le nom du propriétaire de la jument présentée*. Rien ne serait plus facile à obtenir.

On sait que chaque jument présentée à la prime est enregistrée sur un livre dit livre d'inscription des juments, lequel livre est tenu par le secrétaire de chaque mairie dans les localités ou se tient la prime.

On sait aussi, que chaque juré reçoit un tableau qui est la copie fidèle du livre d'inscription de la mairie ; ce tableau sert à écrire les notes personnelles de chaque membre du jury et aussi à énumérer les renseignements indispensables qui sont données par l'éleveur sur chaque jument déclarée.

Jusqu'à présent, le secrétaire de chaque mairie a inscrit sur ce tableau :

1º le nom du propriétaire de la jument ;
2º le nom de la jument présentée ;
3º la robe, l'âge, la taille de la dite jument ;
4º l'origine de la jument, par tel père, par telle mère ;
5º Le produit qui la suit ;
6º le nom de l'étalon, père du preduit suivant la mère ;
7º le nom de l'étalon qui a sailli la jument exposée dans l'année de la présentation.

Hé bien sur ce tableau, il suffit de remplacer le nom du propriétaire de la jument pas un *numéro d'ordre*, lequel serait placé aussi à la tête de chaque jument.

Pour éviter la confusion et l'erreur, il faut que sur le livre d'inscription de la mairie, le numéro d'ordre du tableau soit mis en regard du nom du propriétaire de la jument.

Quand le triage des numéros les plus méritants serait terminé, le jury en se reportant immédiatement au livre d'inscription de la mairie, trouverait facilement le nom du propriétaire à qui appartient la jument présentée.

Aujourd'hui, la commission semble opérer ainsi, mais chaque éleveur a grand soin de se faire connaître personnellement du jury par force coups de chapeau accompagné de vigoureuses et amicales poignées de mains.

Par la mise en pratique de ce simple système, personne ne pourra soupçonner les membres du jury de connaître le propriétaire des juments.

En Angleterre, ce mode d'agir est mis en usage scrupuleusement ; les juments avant la prime sont même mises à part dans un box ; aussi dans ce pays, on préfère à l'argent, l'honneur d'avoir un bon cheval choisi par un spécialiste.

Par la mise en pratique de ce simple système, personne ne pourrait taxer les membres du jury d'avoir des préférences pour tel éleveur plutôt que pour tel autre.

Toujours dans le but d'éviter que le nom du propriétaire de la jument soit connu des membres du jury, il est indispensable que deux ou trois hommes soient préposés à présenter et à faire trotter les poulinières au fur et à mesure qu'elles seront appelées au moyen du numéro d'ordre du tableau. De cette façon, jamais le propriétaire ne paraîtra à la présentation de sa jument devant le jury.

L'inconvénient résultant de ce que les membres de la commission connaissent le nom des propriétaires est grand. Tout le monde le comprend suffisamment ; aussi n'allons nous point entrer dans des explications qui nous semblent superflues.

Avec notre jury composé de trois membres compétents et avec la mise en pratique des quelques réformes ci-dessus indiquées, nous sommes convaincus que la poulinière possédant un mérite réel obtiendra toujours un encouragement justement mérité.

Le Mesle, le 15 octobre 1873.

CHAPITRE SIXIÈME

MÉTHODE A SUIVRE POUR OPÉRER LE CLASSEMENT DES JUMENTS

Depuis vingt-cinq ans, nous suivons avec intérêt les concours et les primes des juments poulinières ; — nous avons toujours constaté que les jurys désignés pour classer les concurrents ne font jamais usage de principes ni déterminés, ni susceptibles d'atteindre au but en suivant une voie rationnelle ; la plupart du temps, ce sont des idées empiriques, vagues et souvent arbitraires qu'ils ont pour guide quand ils opèrent.

Nous allons citer un exemple parmi tant d'autres. — Nous avons rencontré des jurys faisant usage de numeros, tels que 1, 2, 3, lesquels correspondent à la première prime pour les animaux réunissant le numéro *un*; à la deuxième prime pour les animaux cotés numéro *deux*, et à la troisième prime pour les animaux obtenant le numéro *trois*.

Ce système tout de convention ne repose sur rien de solide. Chaque juré apprécie d'après son inspiration personnelle, et dans ce cas son argument unique est celui-ci : Je donne le n° un à cette poulinière parce quelle est la meilleure. — Mais répond un deuxième juré, je ne lui donne que le numéro deux, sa voisine est supérieure. Vous n'y êtes point vient interrompre un troisième juré, car je ne trouve ni l'une ni l'autre digne, en voici une troisième que je préfère comme n° un.

Toujours dans ce cas, l'opinion se trouve enlevée ou par une personnalité qui sait s'imposer ou par un juré ayant la prépondérance de la fortune; jamais dans l'un et l'autre cas, celui dont l'opinion prévaut, n'est doublé de connaissances ni spéciales ni suffisantes pour appuyer le jugement porté.

Voilà ce qui se produit neuf fois sur dix. En présence d'un tel désaccord chaque juré est embarrassé pour exposer la raison de son classement et pour donner la cause de sa manière d'agir.

Le jury des primes aux poulinières n'a point de méthode et l'absence d'une méthode entraine la confusion; surtout quand il s'agit de passer des *principes* à *l'application*, afin de classer selon leur mérite les juments exposées. Au lieu de suivre un ordre hiérarchique, les jurés tombent dans des errements qui ont pour résultat d'attribuer des récompenses à des sujets sans valeur pour la reproduction; de là des mécontentements parmi les concurrents. Sans méthode l'erreur se glisse aisément.

La méthode que nous proposons afin d'arriver à récompenser les juments poulinières qui en sont dignes est basée sur la constatation de leur mérite réel, résultant de leur *beauté* et de leurs *qualités*.

En chevaux, que serait un encouragement donné à la beauté sans tenir compte des qualités ?

La beauté ressort de la conformation. Selon le langage poétique, la *conformation* est ce sceau divin imprimé par le créateur à toute œuvre sortie de sa main.

Des exemples :

Toujours une *poitrine* vaste commande une organisation robuste et résistante chez l'être qui l'a possède.

Toujours une *tête* carrée, avec des yeux gros, éloignés et francs, avec des oreilles fines, droites et mobiles et avec une peau de la face mince et fortement vascularisée, annonce une poulinière pleine de noblesse et d'énergie.

Toujours des *muscles* et des *tendons* bien sortis et bien dessinés sont l'indice de la force et de la résistance, etc, etc.

Règle générale, à une conformation belle d'une manière absolue se lient toutes les autres perfections de l'être.

Depuis que la science du cheval a été réunie en corps de doctrine par l'immortel Claude Bourgelat, fondateur des écoles vétérinaires de France de 1760 à 1779, on a suivi la coutume trop exclusive de juger la poulinière d'après la conformation sans faire entrer en ligne de compte *les qualités* qui sont decelées dans chaque sujet par *l'épreuve.*

L'épreuve fait ressortir le fond et la vitesse des sujets; rien ne peut mieux établir l'authenticité *généalogique* d'une *race* et nous ajoutons, sans l'épreuve, *l'origine* ne peut être vérifiée, contrôlée et affirmée.

Nos maîtres en production chevaline, les Arabes et les Anglais ont invariablement pour principe, quand ils veulent ou créer ou conserver une *race* de chevaux, de faire le choix de la poulinière et de l'étalon d'après l'épreuve.

L'Arabe ne goûte son coursier que par les services qu'il lui rend, soit, en chassant l'autruche, soit en poursuivant une caravane ennemie, soit en faisant de longs pélérinages; la monture qui parcourt l'espace en le moins de temps et qui résiste d'avantage à la fatigue est choisie de préférence pour la reproduction.

L'Anglais fait usage des courses au galop, comme moyen appréciateur des reproducteurs mâles et femelles; évidemment, c'est un contrôle affirmant les qualités d'une race; mais à la condition expresse de ne point tomber dans l'exagération. Jamais la passion de la vitesse à court délai ou la soif fiévreuse de l'or ne doit aboutir à altérer l'organisation des sujets les mieux doués. Cependant, tel est le résultat qui se produit depuis trente ans. Un moyen, selon nous, pourrait combattre efficacement cette cause de dégénérescence de l'espèce chevaline, ce serait d'augmenter le poids attribué en course, à chaque concurrent du turf; système qui modifierait beaucoup le résultat. Si la vitesse était moindre, les reproducteurs y gagneraient d'autant en qualités.

Qu'ont produit les courses en Angleterre et en France au point du vue du perfectionnement du cheval? Nous répondrons que pratiquées comme elle le sont, les courses ont eu pour résultat final de détériorer profondément la race chevaline.

Tout ce qui précède devait prendre place ici, puisque notre méthode est basée sur l'examen : 1º de la santé et de la sainteté; 2º de la conformation; 3º des qualités et 4º du produit des poulinières en particulier.

A toutes les primes des poulinières, il se trouve un grand nombre de juments à examiner d'une manière délicate, minutieuse et spéciale, il est donc indispensable qu'une méthode simple soit mise en pratique afin d'arriver promptement et sûrement au classsment des nombreux concurrents.

Selon nous, la bonne méthode consiste à faire usage de *points* dont la quantité attribuée à chaque jument représente la somme des qualités qu'elle possède.

Rappelons au lecteur, que dans la note publiée par nous le 7 octobre 1873 (page 12), nous avons posé en principe qu'une jument poulinière de demi-sang anglo-normand pour être jugée digne de recevoir une prime doit *réunir les conditions suivantes :*

A — Une *santé* parfaite et une *saineté* complète. — être exempte de vices redhibitoires, — de tares soit essentielles, soit accidentelles.

B — Une bonne et belle *conformation*, — sa taille est proportionnée à sa destination, — la nature de ses membres et la richesse de ses aplombs sont excellentes, — sa couleur est foncée et uniforme.

C — Les *qualités* résultant de *l'origine* et de *l'épreuve* aux allures du trot et du pas,—possèdant le degré de sang voulu, — son habitude extérieure dénote l'énergie et la noblesse, — ses ascendants paternels et maternels ont fait leurs épreuves au trot et au galop sur les hippodromes; aussi ses allures sont-elles brillantes, régulières, remarquables par le grand déplacement du corps en avant et ployant bien le genou.

D — Un *produit* beau et bon et d'un grand avenir, — ce qui résulte de sa constitution, de son organisation et de ses allures régulières et irréprochab,es.

Pour faire la preuve que ces quatre conditions A, B, C, D, doivent se rencontrer, avec des nuances diverses sans doute, chez chaque jument primée, il nous faudrait discourir sur l'art vétérinaire, sur toutes les notions de l'extérieur du cheval et aussi sur la valeur des généalogies chevalines. Nous ne le ferons point, persuadé que nous sommes que les trois membres du jury que nous avons désignés de préférence (page 36), sont des spécialistes possédant à un haut degré la science du cheval.

Ceci dit, voici comment nous prétendons appliquer notre méthode dite des *points.*

D'une manière absolue, pour nos quatre conditions A, B, C, D, devant se trouver réunies sur une jument qui mérite une prime, nous établissons trois dégrès pour chacune de ces conditions en disant :

A—*santé* et *saineté* seront ou très-bonnes, ou bonnes, ou médiocres, pour lesquels degrés nous attribuons, trois points à *très-bonnes,* — deux points à *bonnes,* et un point à *médiocres.*

De même pour B — *conformation,* — pour C — *qualités* résultants de *l'origine* et de *l'épreuve,* et pour D — le *produit* qui suit la poulinière.

On conçoit suffisamment que toute jument de demi-sang qui réunira 12 points par chaque juré, sera jugée sans reproche. Or comme dans notre système de jury, il y a trois membres, nous avons pour résultat final 12 points multiplies par 3 ou 36 points qui représentent le maximum des qualités A, B, C, D.

Toute jument poulinière conduite à la prime, qui obtiendra 36 points, ou se rapprochera le plus de ce nombre, sera classée dans la première prime.

Exemples :

Prenons le n° 30, MYOSOTIS, comme premier exemple (page 25).

A — santé et saineté très-bonnes.............. 3 points
B — conformation très-bonne.................. 3 points
C — qualités résultant de l'origine et de l'épreuve
très-bonnes .... 3 points
D — produit très-bon........................ 3 points
TOTAL..................... 12 points

Les trois jurés composant la commission d'examen, ayant des notes identiques en nombre de points, cette jument réunit 36 *points*.

Prenons le n° 29, MISS-JEANNE, pour second exemple (page 26).

A — santé et saineté bonnes.................. 2 pointe
son état laisse à désirer, ce qui doit être attribué à son âge.
B — conformation très-bonne.................. 3 points
C — qualités résultant de l'origine et de l'épreuve
très-bonnes .... 3 points
D — produit très-bon........................ 3 points
TOTAL..................... 11 points

qui multipliés par 3 jurés donne 33 *points*.

Toute jument présentée à la prime qui obtiendra 33 points, ou se rapprochera le plus de ce nombre, sera classée dans la deuxième prime.

Prenons le n° 56, MISS-LISBETH, pour troisième exemple (page 28).

A — santé et saineté bonnes.................. 2 points
les jarrets n'ont point toute la saineté voulue.
B — conformation très-bonne.................. 3 points
C — qualités résultant de l'origine et de l'épreuve
très-bonnes .... 3 points
D — produit médiocre........................ 1 point
à cause de l'alliance avec un pur sang anglais, son organisation laisse à désirer.
TOTAL..................... 9 points

qui multipliés par trois jurés donne 27 *points*.

Toute jument présentée à la prime qui aura la note de 27 points, ou se rapprochera le plus de ce nombre, sera classée dans la troisième prime.

Ces trois exemples suffisent pour faire comprendre l'application de la méthode proposée.

Exposer cette méthode, c'est en expliquer le mécanisme. Nous avançons même que de vrais spécialistes en chevaux ne peuvent jamais se tromper en la mettant en pratique.

Un jury composé de trois membres faisant usage de cette méthode pourra facilement discuter le nombre de *points* attribués par chaque juré à telle poulinière et s'il se produit un désaccord, dans peu de temps, le dissident peut être vidé entre les trois membres composant la commission.

Etant bien pénétré de cette méthode, le classement se fera promptement, l'erreur ne pourra se glisser que difficilement et jamais il n'y aura de confusion.

Cette méthode est toute de précision parce quelle est basée sur l'application des principes de la science hippique; en la publiant, notre but est d'être utile aux hommes qui s'occupent de l'amélioration du cheval. Par sa mise en pratique, les jurys des primes aux poulinières éviteront des écarts que le public attribue à l'ignorance et au favoritisme, ce qui produit toujours le découragement parmi les producteurs de chevaux.

Le Mesle-sur-Sarthe, le 20 octobre 1873.

À l'époque de la prime des pouliches de trois ans, laquelle a eu lieu au Pin le 25 juillet 1874, cette brochure était sous presse, nous n'avons donc pu la comprendre dans l'un des chapitres, nous la livrons également à la publicité.

DISTRIBUTION

DES

PRIMES

AUX POULICHES DE RACE ANGLO-NORMARDE DE TROIS ANS

Données le 25 juillet au Haras-du-Pin (Orne).

A huit heures du matin, le 25 juillet, le jury composé de : 1º M. de Guercheville, président de la société normande d'encouragement ; 2º de M. de Lamotte, inspecteur général des haras ; 3º de M. de Cointet commandant du dépôt de remonte d'Alençon ; 4º de conseillers généraux de l'Orne et de la Sarthe commence le classement des quarante-neuf pouliches de race anglo-normande dans la grande allée Louis XIV, du Haras-du-Pin.

Un public peu nombreux composé par les trois quarts des exposants suit avec intérêt les opérations de la commission.

Nous notons qu'à chaque réunion chevaline de l'Orne, les éleveurs s'y font remarquer par leur absence ; tant il est vrai qu'en normandie on n'aime le cheval que pour l'argent qu'il rapporte et non pour l'amour de la plus noble bête de la création.

8,300 fr. provenant des sociétaires de la société normande d'encouragement, de l'Etat et du département de l'Orne et de la Sarthe sont repartis en :

4 1res primes de 400 fr. et une méd. d'arg......	1,600 fr,
13 2e primes de 300 fr. et une méd. de bronze.	3,900 fr.
11 3e primes de 200 fr.	2,200 fr.
6 4e primes de 100 fr.	600 fr.
34 primes.	TOTAL................	8,300 fr.

A midi, les quarante-neuf pouliches ont subi un examen complet au point de vue de la *saineté, de la conformation, des quantités d'allures en main et d'origine.*

A deux heures de l'après-midi, les quarante pouliches les plus dignes sont appellées en 4 séries savoir :

1re série de 7 pouliches.
2e série de 13 pouliches.
3e série de 10 pouliches.
4e série de 10 pouliches.

Pour faire leur *épreuve* au pas et au trot montées.

Malgré le nombreux personnel du Haras-du-Pin, mis à la disposition de la commission, cette seconde opération ne finit qu'à cinq heures du soir.

A cinq heures et demie M. de Guercheville proclame le résultat suivant.

4 PRIMES DE 400 Fr. ET UNE MÉDAILLE D'ARGENT POUR CHAQUE LAURÉAT.

N° 12, ODALISQUE, par Inkermann et une fille de Solide, taille 1^m 64, alezan doré;
Appartenant à M. Grégoire, d'Almenêche.

N° 14, RANJA-I-MÉ, par Séducteur et une fille d'Utrecht, taille 1^m 62, bai chatain;
Appartenant à M. Jules Hubert, de Lignère-la-Carelle. (Sarthe.)

N° 36, LIZETTE, par Séducteur et une fille de Jéricko, taille 1^m 59, bai clair;
Appartenant à M. Sallé dit Lacoste, à Bursard.

N° 50, FAVORITE, par Elu et une fille de Séducteur, taille 1^m 63, bai chatain;
Appartenant à M. Drouin, de Saint-Léger-sur-Sarthe.

13 PRIMES DE 300 Fr. ET UNE MÉDAILLE DE BRONZE POUR CHAQUE LAURÉAT.

N° 1, FLEURIE, par Centaure et une fille de Régnier, taille 1^m 58, bai brun très-foncé;
Appartenant à M. Hutrel, de Mortrée.

N° 4, VOYAGEUSE, par Gaulois et une fille de Jéricko, taille 1^m 58, bai marron;
Appartenant à M. Lallouet, le Montigny (Sarthe).

N° 5, CIGARETTE, par Gaulois et une fille de Destin, taille 1^m 54, bai brun;
Appartenant à M. Lallouet, de Montigny (Sarthe).

N° 11, FLEUR-DE-MAI, par Centaure et une fille de Pledge, taille, 1^m 58, bai clair;
Appartenant à M. Bisson Gustave, des Authieux.

Nº 17, BELLE-DE-JOUR, par Inkermann et une fille de Tipple-Cider, taille 1ᵐ 56, alezan doré;

Appartenant à M. Fleury, de St-Rigomer (Sarthe).

Nº 19, CLAUDINE, par Patricien et une fille d'Homere, taille, 1ᵐ 61, bai-Chatain;

Appartenant à M. Godichon René, de Larré.

Nº 21, HÉLÈNE, par Inkermann et une fille de Destin, taille, 1ᵐ 59, bai-marron;

Appartenant à M. Godichon Jacques (Sarthe.)

Nº 26, GEORGETTE, par Séducteur et une fille de Solide, taille, 1ᵐ 60, bai clair.

Appartenant à M. Lecomte, de Neuville.

Nº 29, LYDIE, par Centaure et une fille de Buci, taille, 1ᵐ54, alezan brûlé;

Appartenant à M. Charlotte, de Courménil.

Nº 37, MALVINA, par Centaure et une fille de Tonnerre des Indes, taille, 1ᵐ 57, bai marron;

Appartenant à M. Langlois, d'Orgère.

Nº 39, POLKA, par Galba et une fille de Noteur, taille, 1ᵐ 58, bai chatain;

Appartenant à M. Cavey, de la Cochère.

Nº 43, ORANGE, par Elu et une fille de Sérénader, taille, 1ᵐ 60, alezan brûlé;

Appartenant à M. Vallambras Charles, de Saint-Julien-sur-Sarthe.

Nº 47, ANTONINA, par Elu et une fille d'Utrecht, taille, 1ᵐ61, alezan-doré;

Appartenant à M. Boisenfray, des Ventes-de-Bourse.

11 PRIMES DE 200 Fr.

Nº 7, L'ORANGE, par Promethée et une fille d'Hospodar, taille, 1ᵐ 55, alezan clair;

Appartenant à M. Moulinet, à Sentilly.

Nº 15, IDA, par Koping et une fille de Pretender, taille, 1ᵐ 60, bai chatain;

Appartenant à M. Esnault Jacques, de Cerisé.

Nº 18, VENDETTA, par Gaulois et une fille de Solide, taille, 1ᵐ 55, bai chatain;

Appartenant à M. Godichon Eugène, de Larré.

Nº 20, GÉORGINA, par Patricien et une fille de Séducteur, taille, 1ᵐ57, bai marron;

Appartenant à M. Godichon René, de Larré.

Nº 25, IRMA, par Galba et une fille de Wildfire, taille, 1ᵐ58 bai-brun;

4

Appartenant à M. Lecomte, de Neuville.

N° 30, JOLIE, par Cuningham et d'une fille de Centaure, taille, 1^m 56, bai cerise;

Appartenant à M. Charpentier, de Saint-Léonard-des-Parcs.

N° 31, PASTOURELLE, par Conquérant et une fille d'Othon taille, 1^{m}59, gris truité;

Appartenant à M. Forcinal Cénéry, de Saint-Léonard-des-Parcs.

N° 32, SENTINELLE, par Centaure et une fille d'Esculape, taille, 1^m 63, bai marron;

Appartenant à M. Forcinal Cénéry, de Saint-Léonard-des-Parcs.

N° 40, ESPÉRANCE, par Séducteur et une fille de Thésée, taille, 1^m 58, bai brun;

Appartenant à M. Rattier, de Saint-Léger-sur-Sarthe.

N° 46, CAPUCINE, par Elu et une fille de Fitz-Pantalon, taille 1^m 61, alezan doré;

Appartenant à M. Valluet, de Marchemaisons.

N° 48, LENTILLE, par Héliotrope et une fille de Doyen, taille 1^m 58, bai cerise;

Appartenant à M. Lindet Charles, de Saint-Léger-sur-Sarthe.

6 PRIMES DE 100 Fr.

N° 6, L'AMOUR, par Fleuron et d'une fille de Vicomte, taille, 1^m 58, bai chatain;

Appartenant à M. Moulinet, de Sentilly.

N° 22, DANAÉ, par Taconnet et une fille d'Esculape, taille, 1^m 52, bai chatain;

Appartenant à M. Monnier, du Merlerault.

N° 41, BRILLANTE, par Elu et une fille de Centaure, taille, 1^m 58, alezan doré;

Appartenant à M. Desrochers, de Roullée (Sarthe).

N° 42, SÉDUCTRICE, par Séducteur et une fille d'Homere, taille, 1^m 58, bai brun;

Appartenant à M. Desrochers, de Roullée (Sarthe).

N° 33, FLEUR-DE-GENETS, par Centaure et une fille de Cuningham, taille, 1^m 54, alezan doré;

Appartenant à M. Cotrel-la-Saussaye, de Saint-Léonard-des-Parcs.

N° 34, BERTHE, par Taconnet et une fille de Waldemar, taille, 1^m 61, bai chatain:

Appartenant à M. Cotrel-la-Saussaye, de Saint-Léonard-des-Parcs.

Tous les amateurs de chevaux présents à la prime des

pouliches ont parfaitement saisi que le jury dans ses diverses appréciations, a eu pour but de rechercher et de primer la pouliche à *forte stature*, à *forte corpulence* et il a eu raison. Mais la pouliche à grosse tête aurait dû être écartée. — La tête n'est-elle pas le poëme de tout l'Être? Toujours une tête bien carrée et petite chez la jument, avec des yeux gros, éloignés et francs; — avec des oreilles fines, droites et mobiles, — avec la peau de la face mince et fortement vascularisée, et avec l'os maxillaire inférieur peu épais — annonce une poulinière noble, énergique et ayant une riche origine. — Avec une tête à forte ganache, un cheval peut-il bien se *ramener*? La tête grosse indique toujours un tempéramment lymphatique.

L'administration du haras pour corriger, pour attenuer la conformation de la tête du produit descendant de Solide, d'Inkermann, d'Elu et de Séducteur devra envoyer à notre station du Mesle-sur-Sarthe, en 1875 des étalons possédant de belles têtes d'une manière absolue, sans toutefois faire usage du pur sang anglais qui agit sur notre race en la *poussant à la taille* et en lui faisant *perdre le gros,* sa qualité dominante.

Nous ne voulons pas clore ce compte-rendu succinct sans remarquer que la commission des primes pour les pouliches de trois ans n'a point suffisamment fait attention *ni à la direction des aplombs*, ni à *la présence sur les jarrets de tumeurs osseuses.* Les pouliches présentant ces défauts devaient être écartées; parce que ceux-ci se transmettent par hérédité.

Un jury préposé pour opérer le classement des sujets les plus apts au perfectionnement de l'espèce chevaline ne doit jamais commettre un semblable oubli. Sans quoi il court les risques d'être accusé de légèreté pour ne pas dire plus.

Le Mesle, le 26 juillet 1874,

COGEON,

Vétérinaire au Mesle.

TABLE DES MATIÈRES

www.ingramcontent.com/pod-product-compliance
Ingram Content Group UK Ltd.
Pitfield, Milton Keynes, MK11 3LW, UK
UKHW031759170726
13836UKWH00003B/1053